献给6~12个月宝宝的

100道美食

现代宝宝私房菜

梁文芹 ◎ 编著

中国农业出版社

北　京

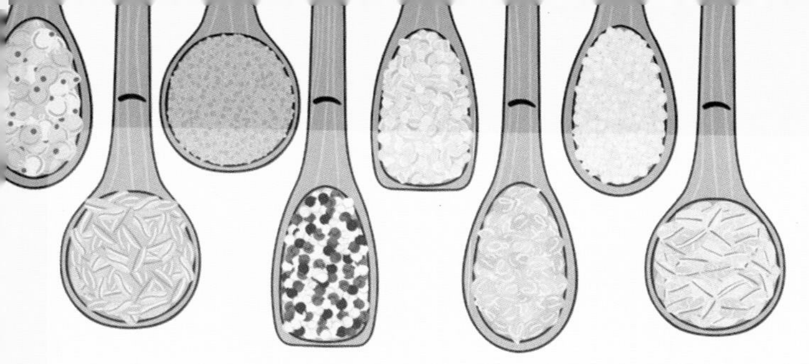

编者的话

0～3岁是人一生中身体和大脑发育最迅速的时期，需要家长们在营养、心理及行为培养等方面给予科学的、细致的关心料理。宝宝在出生6个月以后，对各种营养的需求会越来越多，需要家长们逐步地、合理地添加辅食。不同月龄的宝宝其消化吸收功能及身心成熟状态会有不同，家长们在添加辅食时应兼顾营养、美味及美色，让宝宝在获得营养的同时，丰富嗅觉、味觉，锻炼咀嚼和吞咽技能，养成良好的饮食习惯。

宝宝喂养得当、身体倍儿棒是每一位家长的愿望。我相信，家长们都已经认真地学习了喂养宝宝的知识，对于诸如辅食添加的原则等理论已经很熟悉。但是，怎样把学到的知识用到宝宝的一日几餐上，怎样才能端出一道又一道营养均衡、宝宝看着就爱吃的美食呢？这才是新手宝爸、宝妈着急的事情。我从医多年，现在是一位宝姥姥了。这本书是我从简单易做、宝宝能吃爱吃、营养均衡等方面为家长们精心挑选的宝宝私房菜菜谱，希望能给予新手宝爸、宝妈们一些启迪。

本书共分六个部分：第一部分多彩泥糊，第二部分巧手鸡蛋，第三部分营养米粥，第四部分美味面条，第五部分可口汤汁，第六部分花样面食，100道适合一岁以内宝宝的营养美食供家长们选用。

每个宝宝都是独特的。由于个人水平有限，本书难免有些不完美的地方，恳请读者谅解。

2021年2月18日

目录

第二部分 巧手鸡蛋

第三部分 营养米粥

第四部分 美味面条

第五部分 可口汤汁

第六部分 花样面食

第一部分 多彩泥糊

米粉糊
蛋黄泥
南瓜泥
红薯泥
胡萝卜泥
土豆泥
山药泥
紫薯山药球
菠菜泥
西蓝花泥
白萝卜泥
豌豆泥
大枣泥
香菇泥
牛油果泥
香蕉泥
苹果泥
火龙果泥
木瓜泥
雪梨泥
草莓泥
芒果泥
鸡肉泥
猪肉泥
猪肝泥
牛肉泥
鳕鱼泥
鲜虾泥

米粉糊

营养食材　婴儿高铁大米粉适量

私房做法　根据宝宝的月龄，按照米粉包装上注明的冲调比例，在米粉中加入适量的温开水（60℃左右），不断搅拌成均匀的糊状。

妈妈喂养经

宝宝的第一餐辅食一般是从含铁的婴儿米粉开始的。婴儿米粉是专门为婴儿设计的均衡营养食品，其中添加了宝宝生长发育所需的蛋白质、脂肪、维生素A、维生素D、铁、钙、锌等多种营养物质。家长们应首先从单种谷物米粉开始添加，观察宝宝不过敏后，再逐渐添加至多种谷物米粉，还可以在米粉中拌入蛋黄、蔬菜泥、肉泥等。

蛋黄泥

营养食材　鸡蛋1个

私房做法

❶将鸡蛋洗净，水煮8分钟。

❷将熟鸡蛋的蛋清去掉，用勺子将蛋黄压碎，加少许温水搅拌成泥糊状。

妈妈喂养经

鸡蛋中含有大量的维生素、矿物质及蛋白质，是宝宝最好的营养来源之一。鸡蛋中的卵磷脂进入人体后能够分解出胆碱，对促进宝宝大脑发育、增强记忆力极有益处。

❗由于蛋清部分较易引起宝宝过敏，家长们应先从蛋黄开始添加。

美食延伸

蛋黄泥可以拌入米粉、粥中食用，也可在蛋黄泥中逐渐加入蔬菜泥、水果泥使食物的味道丰富起来。

香蕉蛋黄泥

营养食材　鸡蛋1个，香蕉半根

私房做法

❶将鸡蛋洗净，水煮8分钟，去掉蛋清，用勺子将蛋黄压碎，加少许温水搅拌成泥糊状。

❷将香蕉洗净，去皮，切成薄片，入锅隔水蒸10分钟，用料理棒打成泥。

❸将蛋黄泥和香蕉泥混合搅拌均匀。

南瓜泥

营养食材　贝贝南瓜1/4个

私房做法　将南瓜洗净，去皮，去瓤去籽，切成薄片，入锅隔水蒸20分钟，用料理棒打成泥。

妈妈喂养经

南瓜富含锌，能参与人体核酸、蛋白质的合成，促进宝宝的生长发育。南瓜还含有大量的胡萝卜素，可以提高宝宝的免疫力。

❗南瓜一次不可多食，否则易腹胀、上火。

美食延伸

南瓜泥又面又甜，可以拌入米粉、蛋黄中食用。也可与大米、小米一起煮粥，还可以做成各种面食。

红薯泥

营养食材　红薯半个

私房做法　将红薯洗净，去皮，切成薄片，入锅隔水蒸20分钟，用料理棒打成泥。

妈妈喂养经

红薯中含有大量的膳食纤维，能刺激肠道蠕动，促进宝宝排便。红薯还含有丰富的胡萝卜素，能增强宝宝的免疫力。

红薯不宜多吃，否则会反酸、腹胀，也不可吃未煮熟的红薯。

美食延伸

红薯味道香甜，可与大米、小米一起煮粥，也可以制作各种面食。

胡萝卜泥

营养食材 胡萝卜半根

私房做法 将胡萝卜洗净，去皮，切成薄片，入锅隔水蒸20分钟，用料理棒打成泥。

妈妈喂养经

胡萝卜含有丰富的维生素A，能提高宝宝的免疫力。胡萝卜素可以保护宝宝的视力。胡萝卜含有的膳食纤维可以促进肠道蠕动，润肠通便。

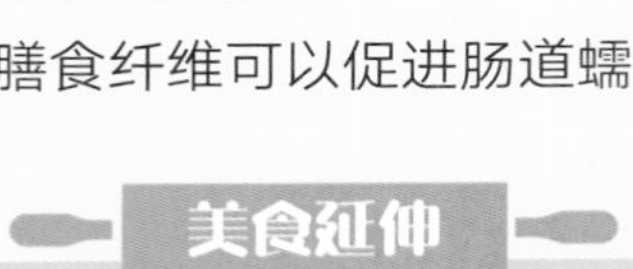

美食延伸

胡萝卜可以和鸡肉、牛肉、猪肉等一起做成粥、面、饼等美食。

土豆泥

营养食材　土豆半个

私房做法　将土豆洗净，去皮，切成薄片，入锅隔水蒸20分钟，用料理棒打成泥。

妈妈喂养经

土豆中含有丰富的维生素及钙、钾等矿物质，易于宝宝消化吸收。土豆中膳食纤维丰富，能促进胃肠蠕动，通便排毒。

美食延伸

土豆可以和各种肉类一起做成粥、面、饼等美食。

肉末土豆泥

营养食材　土豆半个，猪里脊30克

私房做法

❶将土豆洗净，去皮，切成薄片，入锅隔水蒸20分钟，用料理棒打成泥。

❷将猪里脊切成薄片，洗净，加入柠檬汁、生姜片腌制15分钟。入锅焯水2遍，去掉浮沫。柠檬、生姜片铺盘放上猪里脊片，入锅隔水蒸15分钟，用料理棒打成泥。

❸将猪肉泥和土豆泥混合搅拌均匀。

山药泥

营养食材　铁棍山药1段

私房做法

❶将山药洗净，去皮，切成薄片。

❷入锅隔水蒸20分钟。

❸用料理棒打成泥。

❹摆盘完成。

妈妈喂养经

山药是润肺、健脾、补肾的佳品，它含有黏液蛋白、淀粉酶、葡萄糖和丰富的维生素，可以保持血管弹性、润肺止咳，还能提高宝宝的免疫力。

美食延伸

山药能滋补脾胃，可以与大米、小米搭配熬粥，也可以与各种肉类一起制作面食。

橙汁山药泥

营养食材　橙子1个，铁棍山药1段

私房做法

❶将山药洗净，去皮，切成薄片，入锅隔水蒸20分钟，用料理棒打成泥。

❷将橙子洗净，去皮、去筋，掰成瓣，用榨汁机榨出橙汁，将橙汁淋到山药泥上。

紫薯山药球

营养食材　紫薯2个，铁棍山药1段，米粉2勺

私房做法

❶将紫薯、山药洗净，去皮，切成片，入锅隔水蒸20分钟，用料理棒分别打成泥。

❷将山药泥团成小球，将紫薯泥压扁包住山药球，外层裹上少许米粉。

妈妈喂养经

紫薯中含有丰富的硒、铁、钙、钾等微量元素及花青素、维生素和膳食纤维，能增强宝宝的记忆力和免疫力，促进视力发育，还能润肠通便。将紫薯和山药团成球，口感软糯微甜，能引起宝宝对食物的兴趣。

❗家长可以尝试让宝宝自己抓着吃，锻炼宝宝手部的精细运动能力。

美食延伸

紫薯可以和山药、红薯等一起熬粥，还可以制作各种面食。

紫薯山药泥

营养食材　紫薯2个，铁棍山药1段

私房做法

❶将紫薯、山药洗净，去皮，切成薄片，入锅隔水蒸20分钟，分别用料理棒打成泥。

❷将山药泥、紫薯泥分别装入裱花袋中，挤出好看的形状。

菠菜泥

营养食材　菠菜嫩叶25克

私房做法

❶将菠菜去柄取嫩叶，洗净，清水中浸泡20分钟。

❷入锅焯水2次去除草酸，煮熟，捞出，切成菜碎。

妈妈喂养经

菠菜富含胡萝卜素，在人体内能转变化维生素A，能保护宝宝的视力，促进宝宝生长发育。其所含的铁质，能预防缺铁性贫血。

❗菠菜要焯水去掉草酸，才不影响人体对钙的吸收。

美食延伸

菠菜可以做成菠菜汤、菠菜粥、菠菜面条、鸡蛋菠菜饼等美食。

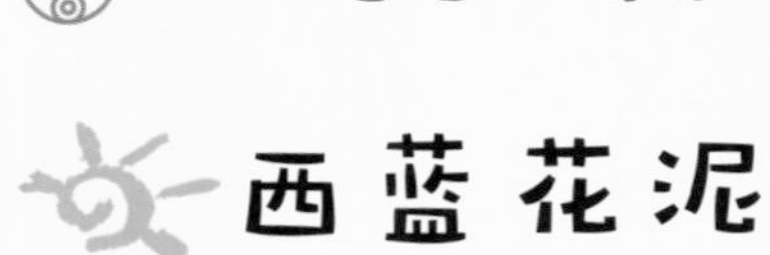

西蓝花泥

营养食材 西蓝花25克

私房做法

❶西蓝花取花冠洗净，清水中浸泡20分钟。

❷在沸水中焯一下，然后水煮10分钟，捞出，切成菜碎。

妈妈喂养经

西蓝花的营养十分全面，主要包括蛋白质、碳水化合物、脂肪、矿物质、维生素C和胡萝卜素等。西蓝花中的矿物质成分如钙、磷、铁、钾、锌、锰等都很丰富。

美食延伸

西蓝花可以和各种肉类一起做成粥、面条和饼等美食。

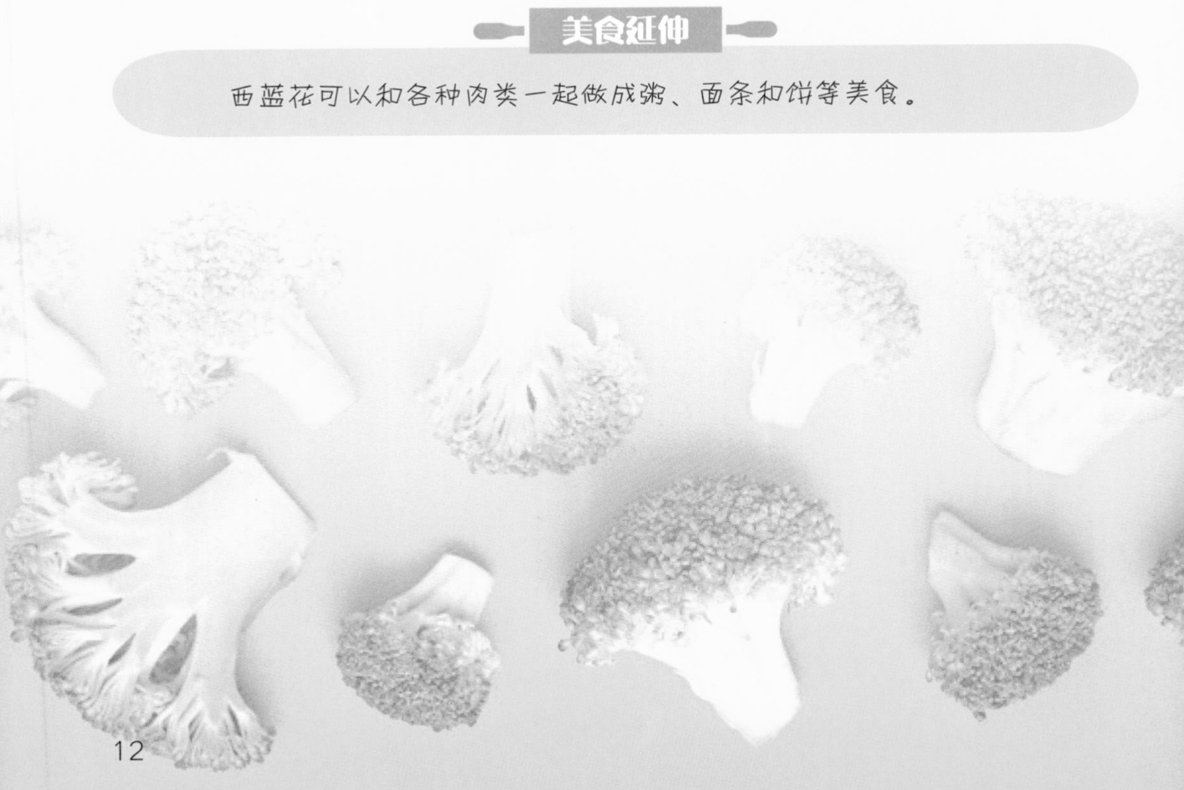

白萝卜泥

营养食材　白萝卜25克

私房做法　将白萝卜洗净，去皮，切成薄片，入锅隔水蒸15分钟，用料理棒打成泥。

妈妈喂养经

白萝卜含有淀粉酶和膳食纤维，能促进宝宝消化，增强食欲，还有止咳化痰的作用。

美食延伸

白萝卜可以和各种肉类一起做成汤、面、饺子等美食。

豌豆泥

营养食材　豌豆30克

私房做法

❶将豌豆洗净，冷水下锅煮10分钟，捞出，过一下凉水，去皮。

❷锅中水烧开，将豌豆倒入，再煮5分钟，捞出。

❸在煮熟的豌豆中加入少许温水，用料理棒打成泥。

妈妈喂养经

豌豆含有优质蛋白，能提高宝宝的免疫力；且膳食纤维丰富，能促进肠蠕动，有利于宝宝排便。

❗豌豆不可过多食用，否则会消化不良、腹胀。

美食延伸

豌豆可以做成粥，气味清香；也可以做成各种面食。

大枣泥

营养食材　大枣5颗

私房做法

❶将大枣洗净，清水中浸泡1小时至吸水膨胀，入锅隔水蒸15分钟。

❷去掉枣皮、枣核，用料理棒打成泥。

妈妈喂养经

大枣含有丰富的维生素和多种微量元素，有益气补血、健脾和胃的功效，能增强宝宝的免疫力。

美食延伸

大枣味道甘甜，可以和蛋黄泥、南瓜泥、山药泥等混合食用，丰富宝宝的味觉；与大米、小米一起熬粥更有营养。

南瓜大枣泥

营养食材　贝贝南瓜1/4个，大枣3个

私房做法

❶将南瓜洗净，去皮，去瓤去籽，切成薄片，入锅隔水蒸15分钟。

❷将大枣洗净，清水中浸泡1小时至吸水膨胀，入锅隔水蒸15分钟，去皮、去核。

❸将南瓜和大枣放入料理机中搅打均匀、成泥。

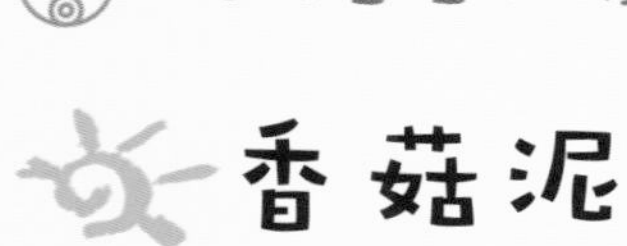

香菇泥

营养食材　香菇3朵

私房做法

❶将香菇洗净，去柄，清水中浸泡20分钟。

❷切成薄片，沸水中焯一下。

❸入锅隔水蒸15分钟。

❹用料理棒打成泥。

妈妈喂养经

香菇含有多种氨基酸和多种维生素，经常食用能增强宝宝的免疫力。给宝宝做香菇泥时应在沸水中焯一下，除去鲜菇中的草酸，有利于钙的吸收。

美食延伸

香菇可以和各种蔬菜、肉一起做汤、面条、饺子、饼等美食。

香菇土豆泥

营养食材　香菇2朵，土豆半个

私房做法

❶将香菇洗净，去柄，清水中浸泡20分钟，切成薄片，沸水中焯一下，入锅隔水蒸15分钟。

❷将土豆洗净，去皮，切成薄片，入锅隔水蒸15分钟。

❸将香菇片、土豆片放入料理机中搅打均匀、成泥。

牛油果泥

营养食材　牛油果1个

私房做法

❶选熟了的牛油果洗净，去皮去核，切成块。

❷用料理棒打成泥。

妈妈喂养经

牛油果富含以不饱和脂肪酸为主的油脂、多种矿物质和维生素，且不含胆固醇，含糖量低，果肉柔软、细腻，非常适合宝宝食用。

美食延伸

牛油果和香蕉混合，口感清香微甜，宝宝很喜欢。

香蕉牛油果泥

营养食材　香蕉半根，牛油果半个

私房做法

❶香蕉洗净，去皮，切成小块。

❷将牛油果洗净，去皮去核，切成块，与香蕉块一起放入料理机中搅打均匀、成泥。

香蕉泥

营养食材　香蕉1根

私房做法　将香蕉洗净，去皮，切成薄片，入锅隔水蒸5分钟，用料理棒打成泥。

妈妈喂养经

香蕉香甜软糯，含有丰富的可溶性纤维，可润肠通便；还含有丰富的钾，有益于宝宝的生长发育。

给宝宝添加香蕉，应选熟透的；未熟透的香蕉口感生涩，且含有鞣酸，可能会造成便秘。

美食延伸

香蕉泥可以和米粉、蛋黄及其他水果泥混合食用，使食物的口感微甜，增加宝宝对食物的兴趣。

香蕉草莓泥

营养食材　香蕉半根，草莓2个

私房做法

❶将香蕉洗净，去皮，切成小块。

❷将草莓洗净，清水中泡20分钟。

❸将香蕉块、草莓放入料理机中搅打均匀、成泥。

苹果泥

营养食材　苹果半个

私房做法　将苹果洗净，去皮、去核，切成薄片，入锅隔水蒸15分钟，用料理棒打成泥。

妈妈喂养经

苹果富含多种微量元素和维生素，且营养成分可溶性大，易被宝宝吸收。苹果生吃可通便，熟吃可辅治腹泻，最初给宝宝添加时应蒸熟食用，等宝宝大一些可以生吃。

美食延伸

苹果味道酸甜可口，与米粉、蛋黄泥、肉泥等混合食用，能刺激宝宝的味觉，增加对食物的兴趣。

香蕉苹果泥

营养食材　香蕉半根，苹果半个

私房做法

❶将苹果洗净，去皮、去核，切成薄片，入锅隔水蒸15分钟。

❷将香蕉洗净，去皮，切成薄片，入锅隔水蒸5分钟。

❸将苹果和香蕉放入料理机中搅打均匀、成泥。

火龙果泥

营养食材　火龙果半个

私房做法　将火龙果洗净，去皮，切成小块，用料理棒打成泥。

妈妈喂养经

火龙果中花青素、铁元素、维生素、膳食纤维的含量都很高，其黑色芝麻状种子还有助胃肠消化。

美食延伸

火龙果味道微甜，可与山药泥、红薯泥等一起食用；也可以做成松饼、蒸糕等面食，色泽鲜艳，能增加宝宝的饮食兴趣。

木瓜泥

营养食材　木瓜1/4个

私房做法　将木瓜洗净，去皮，去瓤去籽，切成薄片，入锅隔水蒸15分钟，用料理棒打成泥。

妈妈喂养经

木瓜含有丰富的维生素C，能增强宝宝的免疫力。木瓜中的木瓜蛋白酶能帮助分解蛋白质，促进宝宝对蛋白质的消化和吸收。

给宝宝制作辅食，应选择成熟的木瓜，蒸熟食用。

美食延伸

木瓜香气浓郁，甜美可口，可与肉类一起炖煮，也可与大米、小米一起熬粥，还可做成各种甜品。

雪梨泥

营养食材　雪梨1个

私房做法　将雪梨洗净，去皮，去核，切成薄片，入锅隔水蒸15分钟，用料理棒打成泥。

妈妈喂养经

雪梨鲜嫩多汁，酸甜可口，含有丰富的B族维生素，能保护宝宝的心脏。梨中还有丰富的膳食纤维，有助消化。

给宝宝添加梨时，应蒸熟食用。

美食延伸

雪梨可切块煮水，有清热润肺，止咳化痰的功效；也可与大米、小米一起熬粥。

草莓泥

营养食材　草莓5个

私房做法　将草莓洗净，清水中浸泡20分钟，用料理棒打成泥。

妈妈喂养经

草莓含有胡萝卜素，是合成维生素A的重要物质，有明目养肝的功效。草莓还含有丰富的果胶和膳食纤维，可以帮助宝宝消化。草莓中含铁很高，可预防缺铁性贫血。

美食延伸

草莓多汁，酸甜可口，可以和山药泥、红薯泥等混合食用，也可制作草莓松饼等，好看又美味。

草莓山药泥

营养食材　草莓3个，铁棍山药1段

私房做法

❶将山药洗净，去皮，切成薄片，入锅隔水蒸20分钟，用料理棒打成泥。

❷将草莓洗净，清水中浸泡20分钟，用料理棒打成泥。

❸将草莓泥淋到山药泥上。

芒果泥

营养食材　芒果半个

私房做法　将芒果洗净，去皮，去核，取果肉切成块，用料理棒打成泥。

妈妈喂养经

芒果含有丰富的维生素A，能保护宝宝的视力。芒果中还含有大量的膳食纤维，能增加肠胃蠕动，促进排便。

美食延伸

芒果肉质细腻，气味香甜，可以和山药泥等一起食用，也可以做成各种甜品。

鸡肉泥

营养食材　鸡胸肉50克

私房做法

❶将鸡胸肉切成薄片，洗净，加入柠檬汁、生姜片腌制15分钟。

❷入锅焯水2遍，去掉浮沫。

❸将柠檬片、生姜片铺盘，放上鸡肉片，入锅隔水蒸15分钟。

❹用料理棒打成泥，装盘就完成了。

妈妈喂养经

鸡胸肉肉质细腻，维生素和蛋白质含量高，且容易被人体吸收，能增强宝宝的体力。

美食延伸

鸡肉味道鲜美，炖汤、熬粥都非常适合宝宝。

苹果鸡肉泥

营养食材　苹果半个，鸡胸肉30克

私房做法

❶将鸡胸肉切成薄片，洗净，加入柠檬汁、生姜片腌制15分钟。入锅焯水2遍，去掉浮沫。柠檬、生姜片铺盘放上鸡肉片，入锅隔水蒸15分钟。

❷将苹果洗净，去皮，去核，切成薄片，入锅隔水蒸15分钟。

❸将鸡肉片和苹果片放入料理机中搅打均匀、成泥。

猪肉泥

营养食材 猪里脊50克

私房做法

❶将猪里脊切成薄片，洗净，加入柠檬汁、生姜片腌制15分钟。

❷入锅焯水2遍，去掉浮沫。

❸用柠檬、生姜片铺盘，放上猪里脊片，入锅隔水蒸15分钟。

❹用料理棒打成泥。

妈妈喂养经

猪肉是我们摄取动物类脂肪和蛋白质的主要来源之一。猪肉可以提供血红素和促进铁吸收的半胱氨酸，能预防宝宝缺铁性贫血。

美食延伸

猪肉的纤维比较细软，结缔组织较少，做成猪肉面、猪肉粥味道鲜美。

猪肝泥

营养食材　猪肝50克

私房做法

❶将猪肝洗净，去除血管，切成薄片，加入柠檬汁、生姜片腌制15分钟。

❷入锅焯水2遍，去掉浮沫。

❸用柠檬、生姜片铺盘，放上猪肝片，入锅隔水蒸15分钟。

❹用料理棒打成泥。

妈妈喂养经

猪肝营养丰富，含有维生素A、叶酸、维生素C等多种维生素与硒、铁、磷等矿物元素，可预防宝宝缺铁性贫血、保护视力、增强免疫力。

美食延伸

猪肝营养丰富，可熬粥、煮汤，做成各种面食。

牛肉泥

营养食材　牛里脊50克

私房做法

❶将牛里脊切成薄片，洗净，加入柠檬汁、生姜片腌制15分钟。

❷入锅焯水2遍，去掉浮沫。

❸用柠檬、生姜铺盘，放上牛里脊片，入锅隔水蒸15分钟。

❹用料理棒打成泥。

妈妈喂养经

牛肉含铁丰富，可以预防宝宝缺铁性贫血。牛肉的蛋白质含量高，脂肪含量低，能增强宝宝的体力，提高免疫力。

美食延伸

牛肉味道鲜美，牛肉面、牛肉粥、牛肉肠等都是宝宝辅食的佳选。

❶

❷

❸

❹

鳕鱼泥

营养食材　鳕鱼50克

私房做法

❶将鳕鱼洗净，去皮、去骨，切成薄片，加入柠檬汁、生姜片腌制15分钟。

❷入锅焯水2遍，去掉浮沫。

❸用柠檬、生姜片铺盘，放上鳕鱼片，入锅隔水蒸15分钟，用料理棒打成泥。

妈妈喂养经

鳕鱼的肉质厚实、刺少，含有蛋白质、维生素A、维生素D、钙、镁、硒等丰富的营养元素，鳕鱼中还含有宝宝生长发育所必需的各种氨基酸，且容易被人体消化吸收，是宝宝添加鱼类食物的首选。

美食延伸

鳕鱼味道鲜美、营养丰富，可用于制作鳕鱼面、鳕鱼粥等。

鲜虾泥

营养食材　活海虾50克

私房做法

❶将海虾去头、去皮、去虾线，洗净，用柠檬汁、生姜片腌制15分钟去腥。

❷用柠檬、生姜片铺盘，放上虾，入锅隔水蒸15分钟，用料理棒打成泥。

妈妈喂养经

虾的营养丰富，肉质松软，含有丰富的蛋白质，且易被宝宝消化。虾中还含有丰富的镁，对心脏活动具有调节作用，能保护心血管系统。

美食延伸

虾肉肥嫩鲜美，熬粥或是做成鲜虾面、虾饺都是不错的选择。

第二部分 巧手鸡蛋

蔬菜蛋黄羹
胡萝卜蛋黄羹
猪肝红枣蛋黄羹
香蕉蛋黄羹
鲜虾蒸蛋
木瓜蛋黄羹
猪肉蒸蛋羹
鲜虾蔬菜蛋卷
油菜鸡蛋饼
山药蛋卷
猪肝蔬菜鸡蛋饼
紫薯蛋卷
鲜虾鸡蛋饼

蔬菜蛋黄羹

营养食材　鸡蛋1个，蔬菜嫩叶15克

私房做法

❶将鸡蛋洗净、去壳，分离蛋黄和蛋清；将蛋黄倒入碗中打散，加入蛋液两倍量的水，继续搅打成泡沫状，过滤掉泡沫后倒入炖盅。

❷蔬菜去柄取叶，洗净，清水中浸泡20分钟，沸水中焯一下，切成菜碎，洒在蛋黄液上。

❸将锅中水烧开，放入炖盅，隔水蒸9分钟，关火焖3分钟。

妈妈喂养经

蛋黄中含有丰富的蛋白质、卵磷脂、维生素、钙、铁等营养元素。蛋黄羹细嫩软滑，是宝宝每日进食鸡蛋的首选烹饪方式。

❗由于蛋白部分较易引起宝宝过敏，家长们应从蛋黄开始添加。

胡萝卜蛋黄羹

营养食材　鸡蛋1个，胡萝卜1段

私房做法

❶将胡萝卜洗净，去皮，切成小块，加入适量的水，用料理棒打成汁。

❷将鸡蛋洗净去壳，分离蛋黄和蛋清，将蛋黄倒入碗中打散，加入蛋液两倍量的胡萝卜汁，继续搅打成泡沫状。

❸过滤掉泡沫后倒入炖盅。

❹将锅中水烧开，放入炖盅，隔水蒸9分钟，关火后焖3分钟。

妈妈喂养经

胡萝卜中的胡萝卜素是人体维生素A的主要来源，可以促进宝宝视力发育。胡萝卜蒸蛋色泽鲜艳，口感微甜，宝宝很喜欢吃。

猪肝红枣蛋黄羹

营养食材　猪肝30克，大枣2个，鸡蛋1个

私房做法

❶将猪肝洗净，去除血管，切成薄片，加入柠檬汁、生姜片腌制15分钟。焯水2遍，去掉浮沫。用柠檬、生姜片铺盘，放上猪肝片，入锅隔水蒸15分钟，用料理棒打成泥。

❷将大枣洗净，清水中浸泡1小时，入锅蒸15分钟。去掉枣皮、枣核，用料理棒打成泥。

❸将鸡蛋洗净去壳，分离蛋黄和蛋清；将蛋黄倒入碗中打散，加入猪肝泥、枣泥和蛋液两倍量的水，继续搅打成泡沫状，过滤掉泡沫后倒入炖盅。将锅中水烧开，放入炖盅，隔水蒸9分钟，关火焖3分钟。

妈妈喂养经

红枣味道甘甜，可以消减猪肝的味道，使宝宝易于接受。这道蛋羹含铁丰富，可以预防宝宝缺铁性贫血，还有利于视力发育。

香蕉蛋黄羹

营养食材　香蕉半根，鸡蛋1个

私房做法

❶将香蕉洗净，去皮，切成片，用料理棒打成泥。

❷将鸡蛋洗净、去壳，分离蛋黄和蛋清；将蛋黄倒入碗中打散，加入香蕉泥和少许水，搅打均匀，过滤掉泡沫后倒入炖盅。

❸将锅中水烧开，放入炖盅，隔水蒸9分钟，关火焖3分钟。

妈妈喂养经

香蕉中含有多种微量元素和维生素，加入鸡蛋中不仅营养翻倍，而且使蛋羹香甜软滑，最适合宝宝食用。

鲜虾蒸蛋

营养食材　活海虾5只，西蓝花15克，鸡蛋1个，面粉1勺

私房做法

❶将海虾去头、去皮、去虾线，洗净，用柠檬汁、生姜片腌制15分钟，用料理棒打碎。

❷西蓝花取花冠洗净，清水中浸泡20分钟，沸水中焯一下，切成菜碎。

❸将鸡蛋洗净、去壳，分离蛋黄和蛋清；将蛋黄倒入碗中打散，加入虾碎、西蓝花碎、1勺面粉和1勺水，继续搅打均匀。

❹将蛋糊倒入蒸盅，入锅隔水蒸20分钟，关火后焖5分钟。

妈妈喂养经

蒸蛋中加入鲜虾和蔬菜，不仅优质蛋白质翻倍，还富含维生素和膳食纤维，味道更是鲜美。

木瓜蛋黄羹

营养食材　木瓜1/4个，鸡蛋1个

私房做法

❶将木瓜洗净，去皮，去瓤去籽，切成小块，用料理棒打成泥。

❷将鸡蛋洗净、去壳，分离蛋黄和蛋清；将蛋黄倒入碗中打散，加入木瓜泥，搅打均匀，过滤掉泡沫后倒入炖盅。

❸将锅中水烧开，放入炖盅，隔水蒸9分钟，关火焖3分钟。

妈妈喂养经

木瓜味道清香甘甜，且含有丰富的维生素C、氨基酸及钙、铁等营养物质。将木瓜泥加入蛋黄羹中，可以丰富宝宝的味觉，提高宝宝对食物的兴趣。

猪肉蒸蛋羹

营养食材　猪里脊30克，鸡蛋1个

私房做法

❶将猪里脊切成薄片，洗净，加入柠檬汁、生姜片腌制15分钟。入锅焯水2遍，去掉浮沫。用柠檬、生姜片铺盘，放上猪里脊片，入锅隔水蒸15分钟，用料理棒打碎。

❷将鸡蛋洗净、去壳，分离蛋黄和蛋清；将蛋黄倒入碗中打散，加入蛋黄液两倍量的水，继续搅打成泡沫状，过滤掉泡沫后倒入炖盅。锅中水烧开，放入炖盅，隔水蒸9分钟，关火焖3分钟。

❸将猪肉碎和鸡蛋羹混合。

妈妈喂养经

蛋黄羹中加入猪肉碎，口味鲜香，能够补充宝宝的体力，有助生长发育。

家长可以逐渐在蛋黄羹中适量加入各种蔬菜碎、肉碎或水果碎，营养更均衡，也能丰富宝宝的味觉体验。

鲜虾蔬菜蛋卷

营养食材　活海虾5只，西蓝花15克，鸡蛋1个，面粉1勺

私房做法

❶将海虾去头、去皮、去虾线，洗净，用柠檬汁、生姜片腌制15分钟去腥。用柠檬、生姜片铺盘，放上虾，入锅隔水蒸15分钟，用料理棒打成泥。

❷西蓝花取花冠洗净，清水中浸泡20分钟，水煮10分钟，切成菜碎。

❸将鸡蛋洗净、去壳，分离蛋黄和蛋清；将蛋黄放入碗中打散，加入1勺面粉，1勺水，继续搅拌均匀。

❹不粘锅底刷油，倒入蛋糊，摊成蛋饼，两面煎熟。

❺取出蛋饼，先将虾泥平铺在蛋饼上，再铺一层西蓝花碎，将蛋饼卷起，切成小块。

妈妈喂养经

蛋黄做皮，鲜虾做馅，为宝宝提供丰富的蛋白质；加入蔬菜，使得营养更均衡全面。

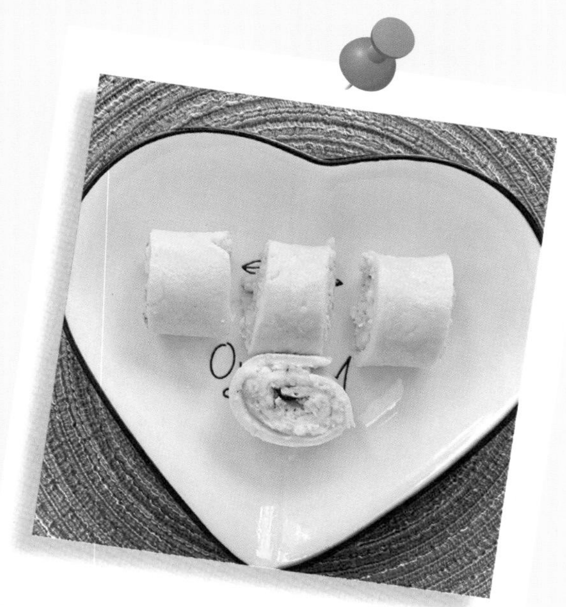

油菜鸡蛋饼

营养食材　油菜嫩叶15克，鸡蛋1个，面粉1勺

私房做法

❶油菜去柄取嫩叶，洗净，清水中浸泡20分钟，沸水中焯一下，煮熟，切成菜碎。

❷将鸡蛋洗净、去壳，分离蛋黄和蛋清，将蛋黄放入碗中打散。

❸打散蛋黄中加入油菜碎、1勺面粉和1勺水，继续搅拌均匀。

❹不粘锅底刷油，倒入蛋糊，摊成蛋饼，两面煎熟。

妈妈喂养经

鸡蛋加蔬菜，宝宝能同时摄取到蛋白质、维生素和膳食纤维，营养均衡全面。鸡蛋饼非常适合让宝宝自己拿着吃，锻炼手部精细运动和手眼协调能力。

❶

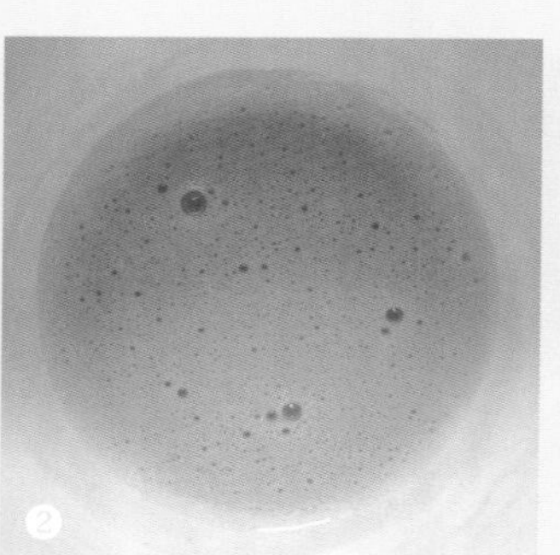
❷

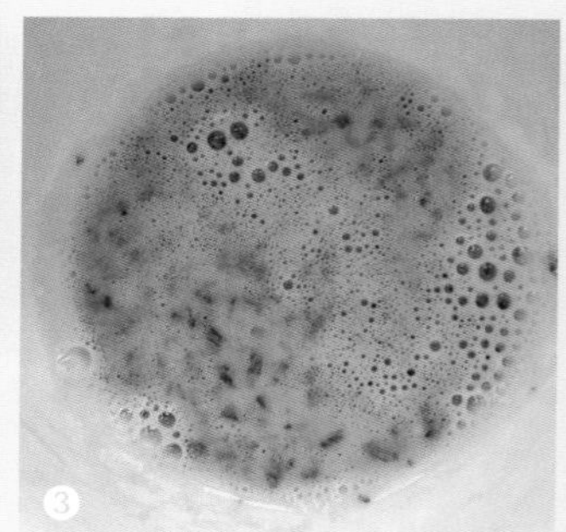
❸

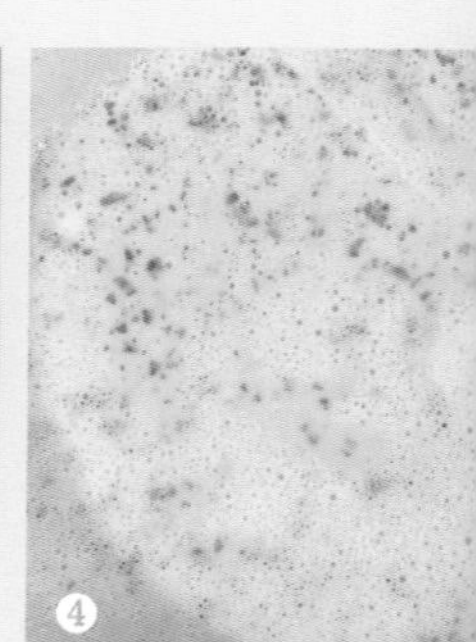
❹

山药蛋卷

营养食材　铁棍山药1段，鸡蛋1个，面粉1勺

私房做法

❶将山药洗净，去皮，切成小块，入锅隔水蒸20分钟，用料理棒打成泥。

❷将鸡蛋洗净、去壳，分离蛋黄和蛋清；将蛋黄放入碗中打散，加入1勺面粉、1勺水，继续搅拌均匀。

❸不粘锅底刷油，倒入蛋糊，摊成蛋饼，两面煎熟。

❹取出蛋饼，将山药泥平铺在蛋饼上。

❺将蛋饼卷起，切成小块。

妈妈喂养经

鸡蛋含有丰富的优质蛋白，山药能滋补脾胃，山药蛋卷口感软糯清甜，宝宝很爱吃。

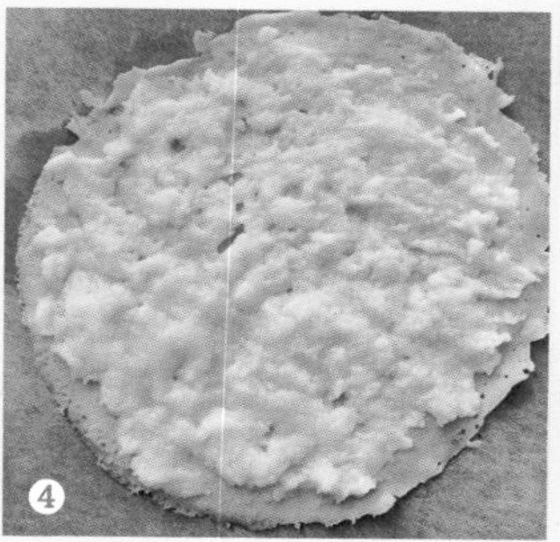

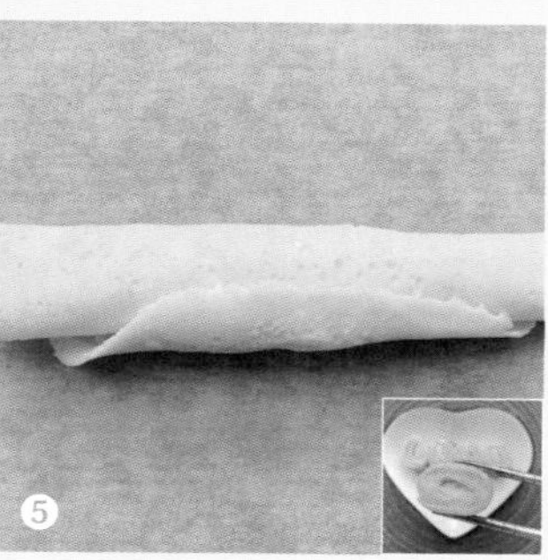

猪肝蔬菜鸡蛋饼

营养食材　猪肝30克，菠菜嫩叶15克，胡萝卜1段，鸡蛋1个，面粉1勺

私房做法

❶将猪肝洗净，去除血管，切成薄片，加入柠檬汁、生姜片腌制15分钟。入锅焯水2遍，去掉浮沫。用柠檬、生姜片铺盘，放上猪肝片，入锅隔水蒸15分钟，用料理棒打碎。

❷菠菜去柄取嫩叶，洗净，清水中浸泡20分钟，沸水中焯2遍，煮熟，切成菜碎。

❸将胡萝卜洗净、去皮，切成小块，隔水蒸20分钟，切成小丁。

❹将鸡蛋洗净、去壳，分离蛋黄和蛋清；将蛋黄倒入碗中打散，加入猪肝碎、菠菜碎、胡萝卜丁、1勺面粉和1勺水，继续搅拌均匀。

❺不粘锅底刷油，倒入蛋糊，摊成蛋饼，两面煎熟。

妈妈喂养经

猪肝中含有丰富的维生素A，能保护宝宝的视力；还含有丰富的铁质，能预防缺铁性贫血。猪肝和鸡蛋搭配，不仅营养丰富，还可以减淡猪肝的味道，易于被宝宝接受。

紫薯蛋卷

营养食材　紫薯3个，鸡蛋1个，面粉1勺

私房做法

❶将紫薯洗净，去皮，切成薄片，入锅隔水蒸20分钟，用料理棒打成泥。

❷将鸡蛋洗净、去壳，分离蛋黄和蛋清；将蛋黄倒入碗中打散，加入1勺面粉、1勺水，搅拌均匀。

❸不粘锅底刷油，倒入蛋糊，摊成蛋饼，两面煎熟。

❹取出蛋饼，将紫薯泥平铺在蛋饼上，将蛋饼卷起，切成小块。

妈妈喂养经

紫薯鸡蛋卷味道甘甜，口感细腻，鲜艳的颜色能引起宝宝对食物的兴趣。

鲜虾鸡蛋饼

营养食材　活海虾5只，西蓝花15克，鸡蛋1个，面粉1勺

私房做法

❶将海虾去头、去皮、去虾线，洗净，用柠檬汁、生姜片腌制15分钟；用柠檬、生姜片铺盘，放上虾，入锅隔水蒸15分钟，用料理棒打碎。

❷西蓝花取花冠洗净，清水中浸泡20分钟，沸水中焯一下，水煮10分钟，切成菜碎。

❸将鸡蛋洗净、去壳，分离蛋黄和蛋清；将蛋黄放入碗中打散，加入1勺面粉，1勺水，继续搅拌均匀。

❹不粘锅底刷油，放入虾碎、西蓝花碎，倒入蛋糊，摊成蛋饼，两面煎熟。

妈妈喂养经

鲜虾鸡蛋饼不仅营养价值高，易被宝宝吸收，而且能够锻炼宝宝的咀嚼和吞咽能力。

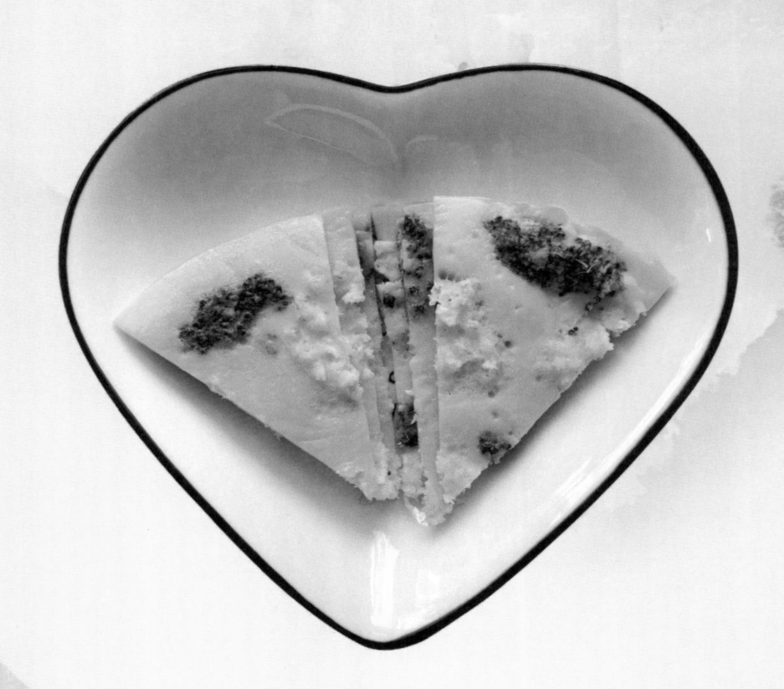

第三部分 营养米粥

南瓜粥
山药小米粥
红薯粥
雪梨双米粥
玉米粥
紫薯粥
豌豆山药粥
田园蔬菜粥
苹果胡萝卜大米粥
芋头猪肝粥
板栗大枣小米粥
西蓝花鸡肉玉米粥
芋头猪肉双米粥
板栗山药粥
猪肝红薯粥
香菇西蓝花牛肉粥
猪肝土豆粥
芋头蔬菜鸡肉粥
板栗白菜小米粥
猪肉玉米粥
菠菜猪肝小米粥

南瓜粥

营养食材　贝贝南瓜半个，大米30克

私房做法

❶将南瓜洗净，去皮、去瓤、去籽，切成薄片，用料理棒打碎。

❷将大米淘洗干净，加入300毫升水，和南瓜碎一起放入电压力锅中，点击宝宝粥，约50分钟完成。

妈妈喂养经

大米富含水溶性膳食纤维、B族维生素、谷维素、蛋白质等营养成分。南瓜粥味道甘甜，能保护宝宝的肠胃，易于宝宝消化吸收。

山药小米粥

营养食材　铁棍山药1段，小米30克

私房做法

❶将山药洗净，去皮，切成小块，用料理棒打碎。

❷将小米洗净，加入300毫升水，和山药碎一起放入电压力锅中，点击宝宝粥，约50分钟做好。

妈妈喂养经

山药含有钙、磷、维生素及皂苷等营养物质，有辅助健脾、补肺的功效。小米中富含B族维生素、蛋白质和钠、钙、镁、磷、钾等多种矿物元素，具有健脾、和胃、补肾的功效。小米熬粥营养丰富，有“代参汤”的美誉。

红薯粥

营养食材　红薯半个，大米30克

私房做法

❶将红薯洗净，去皮，切成小块，用料理棒打碎。

❷将大米淘洗干净，加入300毫升水，和红薯碎一起放入电压力锅中，点击宝宝粥，约50分钟完成。

妈妈喂养经

红薯中含有大量的膳食纤维和果胶，能促进肠胃蠕动，起到润肠通便的作用。红薯粥味道香甜，营养丰富，易于消化。

雪梨双米粥

营养食材　雪梨1个，大米15克，小米15克

私房做法

❶将雪梨洗净，去皮，去核，切成小丁。

❷将大米、小米洗净，加入300毫升水，和梨丁一起放入电压力锅中，点击宝宝粥，约50分钟做好。

妈妈喂养经

煮粥加点梨，润肺止咳效果好。大米、小米一起煮，营养互补好吸收。

玉米粥

营养食材　玉米半根，大米30克

私房做法

❶取玉米中段，洗净，取粒。

❷在玉米粒中加入300毫升水，用料理棒打成汁。

❸过滤掉玉米皮。

❹将大米淘洗干净，与玉米汁一起放入电压力锅中，点击宝宝粥，约50分钟完成。

妈妈喂养经

玉米营养丰富，含有大量蛋白质、膳食纤维、维生素、矿物质、不饱和脂肪酸和卵磷脂等。玉米粥味道香甜，易于宝宝消化吸收。

紫薯粥

营养食材　紫薯2个，大米30克

私房做法

❶将紫薯洗净，去皮，切成小块，用料理棒打碎。

❷将大米淘洗干净，加入300毫升水，与紫薯碎一起放入电压力锅中，点击宝宝粥，约50分钟完成。

妈妈喂养经

紫薯的纤维素含量高，可以促进肠胃蠕动，促进消化。

豌豆山药粥

营养食材　豌豆20克，铁棍山药1段，大米30克

私房做法

❶将豌豆洗净，冷水下锅煮10分钟；捞出豌豆过一下凉水，去皮；将豌豆再煮5分钟，用料理棒打成泥。

❷将山药洗净，去皮，切成小丁。

❸将大米淘洗干净，加入300毫升水，与豌豆泥、山药丁一起放入电压力锅中，点击宝宝粥，约50分钟完成。

妈妈喂养经

豌豆清香，山药软糯，这道粥健脾和胃，有助消化。

田园蔬菜粥

营养食材　香菇2朵，西蓝花15克，胡萝卜1段，大米30克

私房做法

❶将香菇洗净，去柄，清水中浸泡20分钟；切成薄片，沸水中焯一下，捞出，用料理棒打碎。

❷西蓝花取花冠洗净，清水中浸泡20分钟，沸水中焯一下，水煮10分钟，切成菜碎。

❸将胡萝卜洗净，去皮，切成小丁。

❹将大米淘洗干净，加入300毫升水，与香菇碎、胡萝卜丁一起放入电压力锅中，点击宝宝粥，约50分钟完成。

❺将米粥倒入普通锅中，加入西蓝花碎，搅拌均匀，再煮2分钟完成。

妈妈喂养经

粥是非常适合1岁以内宝宝的辅食，这道粥营养全面，口感清新，能健脾养胃，易于消化吸收。

苹果胡萝卜大米粥

营养食材　苹果半个，胡萝卜1段，大米30克

私房做法

❶将苹果、胡萝卜洗净，去皮，切成小丁。

❷将大米淘洗干净，加入300毫升水，与苹果、胡萝卜丁一起放入电压力锅中，点击宝宝粥，约50分钟完成。

妈妈喂养经

苹果和胡萝卜一起熬粥可以消食健脾，也可使苹果、胡萝卜中的营养物质充分释放到米粥中，更容易被宝宝吸收。

芋头猪肝粥

营养食材 猪肝30克，芋头2个，大米30克

私房做法

❶将猪肝洗净，去除血管，切成薄片，加入柠檬汁、生姜片腌制15分钟。入锅焯水2遍，去掉浮沫，用料理棒打成泥。

❷将芋头洗净，去皮，切成小丁。

❸将大米洗净，加入300毫升水，与猪肝泥、芋头丁一起放入电压力锅中，点击宝宝粥，约50分钟做好。

妈妈喂养经

芋头富含蛋白质、钙、磷、铁、钾、镁、钠、胡萝卜素、烟酸、维生素C、B族维生素、皂角苷等多种营养成分，且芋头的淀粉颗粒小，仅为土豆淀粉的1/10，易于宝宝消化吸收。

板栗大枣小米粥

营养食材　板栗5枚，大枣2颗，小米30克

私房做法

❶板栗洗净、去壳，将板栗肉用料理棒打碎。

❷将大枣洗净，清水中浸泡1小时，入锅隔水蒸15分钟。去掉枣皮、枣核，用料理棒打成泥。

❸将小米洗净，加入300毫升水，与板栗碎、枣泥一起放入电压力锅中，点击宝宝粥，约50分钟做好。

妈妈喂养经

板栗含有丰富的蛋白质、维生素C等营养成分，能促进宝宝牙齿、骨骼、血管、肌肉的生长发育。板栗、大枣和小米熬粥可补气养血、健脾养胃，增强宝宝的免疫力。

西蓝花鸡肉玉米粥

营养食材　鸡胸肉30克，西蓝花15克，玉米半根，大米25克

私房做法

❶将鸡肉切成薄片，洗净，加入柠檬汁、生姜片腌制15分钟。入锅焯水2遍，去掉浮沫，用料理棒打成泥。

❷西蓝花取花冠洗净，清水中浸泡20分钟，水煮10分钟，切成菜碎。

❸取玉米中段，洗净，取粒，加入300毫升水，用料理棒打碎，过滤掉玉米皮。

❹将大米淘洗干净，与玉米汁、鸡肉泥一起放入电压力锅中，点击宝宝粥，约50分钟完成。

❺将玉米粥倒入锅中，加入西蓝花碎，搅拌均匀，再煮2分钟。

妈妈喂养经

玉米含有丰富的B族维生素，有益肺宁心、健脾开胃、预防便秘等功能。鸡肉是优质蛋白的主要来源之一，与西蓝花、玉米一起熬粥，口味香甜，营养均衡，可以增强宝宝的免疫力，补充身体能量。

芋头猪肉双米粥

营养食材　猪里脊30克，芋头2个，大米20克，小米10克

私房做法

❶将猪里脊切成薄片，洗净，加入柠檬汁、生姜片腌制15分钟。入锅焯水2遍，去掉浮沫，用料理棒打成泥。

❷将芋头洗净，去皮，切成小丁。

❸将大米、小米洗净，加入300毫升水，与猪肉泥、芋头丁一起放入电压力锅中，点击宝宝粥，约50分钟完成。

妈妈喂养经

芋头中富含氟，有保护牙齿的作用；还含有黏液蛋白，被人体吸收后能产生免疫球蛋白，可提高宝宝的抵抗力。

板栗山药粥

营养食材　板栗4枚，铁棍山药1段，大米30克

私房做法

❶将板栗洗净、去壳，用料理棒打碎。

❷将山药洗净、去皮，切成小丁。

❸将大米淘洗干净，加入300毫升水，与板栗碎、山药丁一起放入电压力锅中，点击宝宝粥，约50分钟完成。

妈妈喂养经

板栗与山药煮成粥，具有养胃健脾、补肾强筋的功效。这道粥，吃起来甜甜暖暖的，在享受美味的同时强健了宝宝的体魄。

猪肝红薯粥

营养食材　猪肝30克，红薯半个，大米30克

私房做法

❶将猪肝洗净，去除血管，切成薄片，加入柠檬汁、生姜片腌制15分钟。入锅焯水2遍，去掉浮沫，用料理棒打碎。

❷将红薯洗净，去皮，切成小块，用料理棒打碎。

❸将大米淘洗干净，加入300毫升水，与猪肝碎、红薯碎一起放入电压力锅中，点击宝宝粥，约50分钟完成。

妈妈喂养经

猪肝富含铁、磷，可预防宝宝缺铁性贫血。猪肝中还含有多种维生素，能保护眼睛，促进宝宝身体发育。红薯味道甘甜，和猪肝一起熬粥可以改善猪肝的味道，使宝宝更容易接受。

香菇西蓝花牛肉粥

营养食材　牛里脊30克，香菇2朵，西蓝花15克，大米30克

私房做法

❶将牛里脊切成薄片，洗净，加入柠檬汁、生姜片腌制15分钟。入锅焯水2遍，去掉浮沫，用料理棒打碎。

❷将香菇洗净，去柄，清水中浸泡20分钟；切成薄片，在沸水中焯一下，捞出，用料理棒打碎。

❸西蓝花取花冠洗净，清水中浸泡20分钟，在沸水中焯一下，水煮10分钟，切碎。

❹将大米淘洗干净，加入300毫升水，和牛里脊碎、香菇碎一起放入电压力锅中，点击宝宝粥，约50分钟完成。

❺将粥倒入普通锅中，加入西蓝花碎，搅拌均匀，再煮2分钟。

妈妈喂养经

牛肉有补中益气、滋养脾胃、强健筋骨的功效，寒冬食牛肉，还有暖胃作用。这道粥含有丰富的维生素和矿物质，能增强宝宝的免疫力，补充身体能量。

猪肝土豆粥

营养食材　猪肝30克，土豆半个，大米30克

私房做法

❶将猪肝洗净，去除血管，切成薄片，加入柠檬汁、生姜片腌制15分钟。入锅焯水2遍，去掉浮沫，用料理棒打碎。

❷将土豆洗净，去皮，切成小块，用料理棒打碎。

❸将大米淘洗干净，加入300毫升水，与猪肝碎、土豆碎一起放入电压力锅中，点击宝宝粥，约50分钟完成。

妈妈喂养经

猪肝有补肝、明目、养血的功效，和土豆一起熬粥能补脾益气、和中养胃，提高宝宝的免疫力。

芋头蔬菜鸡肉粥

营养食材　鸡胸肉30克，芋头2个，小白菜嫩叶15克，胡萝卜1段，大米30克

私房做法

❶将鸡肉切成薄片，洗净，加入柠檬汁、生姜片腌制15分钟。入锅焯水2遍，去掉浮沫，用料理棒打碎。

❷将芋头、胡萝卜洗净，去皮，切成小丁。

❸将小白菜去柄取嫩叶，洗净，清水中浸泡20分钟。在沸水中焯一下，切成菜碎。

❹将大米淘洗干净，加入300毫升水，与鸡肉碎、芋头丁、胡萝卜丁一起放入电压力锅中，点击宝宝粥，约50分钟做好。

❺将米粥倒入普通锅中，加入小白菜碎，搅拌均匀，再煮2分钟。

妈妈喂养经

鸡肉是最早可作为辅食添加的肉类之一，芋头质地细腻、易吸收。这道粥营养全面，能强壮宝宝的体力，促进生长发育。

板栗白菜小米粥

营养食材　板栗4枚，大白菜嫩叶15克，小米30克

私房做法

❶将板栗洗净、去壳，用料理棒打碎。

❷大白菜取嫩叶洗净，清水中浸泡20分钟，沸水中焯一下，切成菜碎。

❸将小米洗净，加入300毫升水，与板栗碎一起放入电压力锅中，点击宝宝粥，约50分钟做好。

❹将板栗粥倒入普通锅中，加入大白菜碎，搅拌均匀，再煮2分钟。

妈妈喂养经

大白菜中含有丰富的维生素C和膳食纤维，能增强宝宝的抵抗力，还能促进肠道蠕动，帮助消化。

猪肉玉米粥

营养食材 猪里脊30克，玉米半根，小白菜嫩叶15克，大米30克

私房做法

❶将猪里脊切成薄片，洗净，加入柠檬汁、生姜片腌制15分钟。入锅焯水2遍，去掉浮沫，用料理棒打碎。

❷将小白菜叶洗净，清水中浸泡20分钟，沸水中焯一下，切成菜碎。

❸取玉米中段洗净，取粒，加入300毫升水，用料理棒打成汁，过滤掉玉米皮。

❹将大米淘洗干净，与玉米汁、猪肉碎一起放入电压力锅中，点击宝宝粥，约50分钟完成。

❺将玉米粥倒入普通锅中，加入小白菜碎，搅拌均匀，再煮2分钟。

小白菜含有丰富的维生素和矿物质，玉米和猪肉都含有丰富的B族维生素。这道粥能消除疲劳、强化肝功能、预防便秘，为宝宝提供全面的营养。

菠菜猪肝小米粥

营养食材 猪肝30克，菠菜嫩叶15克，小米30克

私房做法

❶将猪肝洗净，去除血管，切成薄片，加入柠檬汁、生姜片腌制15分钟。入锅焯水2遍，去掉浮沫，用料理棒打成泥。

❷将菠菜去柄取嫩叶，洗净，清水中浸泡20分钟，沸水中焯2次，切成菜碎。

❸将小米淘洗干净，加入300毫升水，与猪肝碎一起放入电压力锅中，点击宝宝粥，约50分钟做好。

❹将小米粥倒入普通锅中，加入菠菜碎，搅拌均匀，再煮2分钟。

妈妈喂养经

猪肝和菠菜是宝宝补铁的好搭档，与小米一起熬粥既能养胃，又能预防缺铁性贫血。

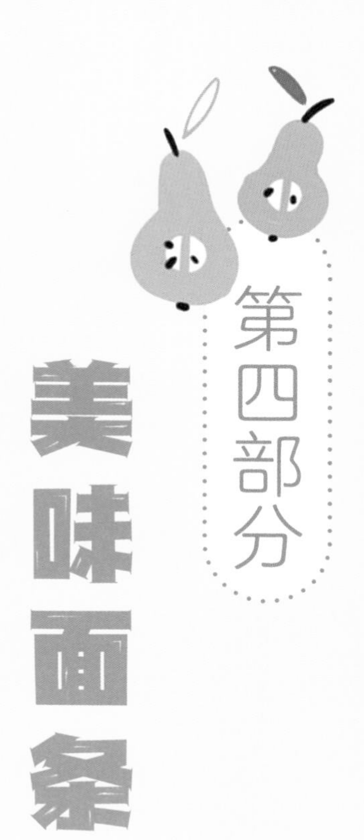

第四部分 美味面条

小白菜鳕鱼粒粒面
香菇牛肉面
白萝卜鲜虾粒粒面
菠菜猪肝面片
香菇菠菜猪肉面
油菜鸡蛋牛肉面片
胡萝卜猪肉粒粒面
西蓝花牛肉鸡蛋粒粒面
豆腐西红柿鲜虾面
西红柿鸡蛋牛肉面

小白菜鳕鱼粒粒面

营养食材　鳕鱼50克，小白菜嫩叶15克，婴儿粒粒面20克

私房做法

❶将鳕鱼洗净，去皮、去骨，切成薄片，加入柠檬汁、生姜片腌制15分钟。沸水中焯2遍，去掉浮沫。用柠檬、生姜片铺盘，放上鳕鱼片，入锅隔水蒸15分钟，用料理棒打碎。

❷小白菜去柄取嫩叶，洗净，清水中浸泡20分钟，沸水中焯一下，煮熟，切成菜碎。

❸将粒粒面在清水中泡15分钟，入锅煮15分钟至软烂，加入鳕鱼碎、小白菜碎，再煮2分钟。

妈妈喂养经

粒粒面煮熟以后呈软糊状，非常适于宝宝消化、吸收。鳕鱼中含有丰富的不饱和脂肪酸，能增强宝宝的记忆力，促进大脑发育。

香菇牛肉面

营养食材　牛里脊50克，香菇2朵，西蓝花15克，婴儿细碎面20克

私房做法

❶将牛里脊切成薄片，洗净，加入柠檬汁、生姜片腌制15分钟。入锅焯水2遍，去掉浮沫。用柠檬、生姜片铺盘，放上牛里脊片，入锅隔水蒸15分钟，用料理棒打碎。

❷西蓝花取花冠洗净，清水中浸泡20分钟，水煮10分钟，切成菜碎。

❸将香菇洗净，去柄，清水中浸泡20分钟，切成薄片，沸水中焯一下，隔水蒸10分钟，用料理棒打碎。

❹锅中水烧开，下入面条，煮至软烂。将牛肉碎、香菇碎、西蓝花碎倒入面条中，再煮2分钟。

妈妈喂养经

香菇具有高蛋白、低脂肪及富含多糖、多种氨基酸和维生素的营养特点，能促进宝宝体内钙的吸收，并可增强抵抗力。牛肉含有丰富的蛋白质，搭配膳食纤维丰富的蔬菜，可以全面满足宝宝的营养需求。

白萝卜鲜虾粒粒面

营养食材　活海虾50克，白萝卜1段，婴儿粒粒面20克

私房做法

❶将海虾去头、去皮、去虾线，洗净，加入柠檬汁、生姜片腌制15分钟。用柠檬、生姜片铺盘，放上虾，入锅隔水蒸15分钟，用料理棒打碎。

❷将白萝卜洗净，去皮，切成薄片，入锅隔水蒸15分钟，用料理棒打碎。

❸将粒粒面在清水中泡15分钟，入锅煮15分钟至软烂，加入鲜虾碎、白萝卜碎一起再煮2分钟。

妈妈喂养经

虾的营养丰富，含有维生素D，能促进钙的吸收；还含有丰富的锌，能增强宝宝的免疫力。白萝卜有通气润肺的作用，且含有膳食纤维，有益宝宝的肠道健康。

菠菜猪肝面片

营养食材 猪肝50克，菠菜嫩叶15克，面粉适量

私房做法

❶将猪肝洗净，去除血管，切成薄片，加入柠檬汁、生姜片腌制15分钟。入锅焯水2遍，去掉浮沫。用柠檬、生姜片铺盘，放上猪肝片，入锅隔水蒸15分钟，用料理棒打碎。

❷菠菜去柄取嫩叶，洗净，清水中浸泡20分钟，沸水中焯2次，煮熟，切成菜碎。

❸和好面，擀成薄皮，切成小方块。锅中水烧开，下入面皮，煮约5分钟。倒入猪肝碎、菠菜碎，搅拌均匀，再煮2分钟。

妈妈喂养经

猪肝和菠菜搭配，既能补铁又能补充维生素和膳食纤维，营养全面。薄薄的面片很容易煮得软烂，易于消化，适合1岁以内宝宝的咀嚼和吞咽。

香菇菠菜猪肉面

营养食材　猪里脊50克，香菇2朵，菠菜嫩叶15克，婴儿细碎面20克

私房做法

❶将猪里脊切成薄片，洗净，加入柠檬汁、生姜片腌制15分钟。入锅焯水2遍，去掉浮沫。用柠檬、生姜片铺盘，放上猪里脊片，入锅隔水蒸15分钟，用料理棒打碎。

❷菠菜去茎取嫩叶，洗净，清水中浸泡20分钟，入锅焯水2次，煮熟，切成菜碎。

❸将香菇洗净，去柄，清水中浸泡20分钟，切成薄片，沸水中焯一下，隔水蒸10分钟，用料理棒打碎。

❹锅中水烧开，下入面条，煮至软烂。将猪肉碎、香菇碎、菠菜碎倒入面条中搅拌均匀，再煮2分钟。

妈妈喂养经

随着宝宝月龄的增大，家长们给宝宝准备的一餐饭应有菜、有肉、有主食，全面满足宝宝的营养需求，使宝宝养成良好的饮食习惯。

油菜鸡蛋牛肉面片

营养食材　牛里脊50克，油菜嫩叶15克，鸡蛋1个，面粉适量

私房做法

❶将牛里脊切成薄片，洗净，加入柠檬汁、生姜片腌制15分钟。在沸水中焯2遍，去掉浮沫。用柠檬、生姜片铺盘，放上牛里脊片，入锅隔水蒸15分钟，用料理棒打碎。

❷油菜去柄取嫩叶，洗净，清水中浸泡20分钟，沸水中焯一下，煮熟，切成菜碎。

❸将鸡蛋洗净、去壳，分离蛋黄和蛋清，将蛋黄倒入碗中打散。

❹和好面，擀成薄皮，切成小方块。锅中水烧开，下入面皮，煮约5分钟，慢慢淋入蛋黄液，搅散。倒入牛肉碎、油菜碎，搅拌均匀，再煮2分钟。

妈妈喂养经

油菜为低脂肪蔬菜，膳食纤维丰富，含有钙、铁、维生素等多种营养物质，能促进肠道蠕动，增强宝宝免疫力。

胡萝卜猪肉粒粒面

营养食材　猪里脊50克，胡萝卜1段，小白菜嫩叶15克，婴儿粒粒面20克

私房做法

❶将猪里脊切成薄片，洗净，加入柠檬汁、生姜片腌制15分钟。入锅焯水2遍，去掉浮沫。用柠檬、生姜片铺盘，放上猪里脊片，入锅隔水蒸15分钟，用料理棒打碎。

❷将胡萝卜洗净、去皮，隔水蒸15分钟，切碎。

❸小白菜去柄取嫩叶，洗净，清水中浸泡20分钟，在沸水中焯一下，煮熟，切成菜碎。

❹将粒粒面在清水中泡15分钟，入锅煮15分钟至软烂。加入猪肉碎、胡萝卜碎、小白菜碎搅拌均匀，再煮2分钟。

妈妈喂养经

粒粒面能锻炼宝宝的咀嚼和吞咽能力，是从糊状食物向固状食物过渡的好帮手。家长们可在面中搭配新鲜的蔬菜和肉，给宝宝更多美味享受。

西蓝花牛肉鸡蛋粒粒面

营养食材 牛里脊50克，西蓝花15克，鸡蛋1个，婴儿粒粒面20克

私房做法

❶将牛里脊切成薄片，洗净，加入柠檬汁、生姜片腌制15分钟。入锅焯水2遍，去掉浮沫。用柠檬、生姜片铺盘，放上牛里脊片，入锅隔水蒸15分钟，用料理棒打碎。

❷西蓝花取花冠洗净，清水中浸泡20分钟，水煮10分钟，切成菜碎。

❸将鸡蛋洗净、去壳，分离蛋黄和蛋清，将蛋黄倒入碗中打散。

❹将粒粒面在清水中泡15分钟，入锅煮15分钟至软烂。加入牛肉碎，慢慢淋入蛋黄液，搅散，加入西蓝花碎一起煮2分钟。

妈妈喂养经

软烂的粒粒面中加入肉、蛋、蔬菜，具丰富的蛋白质、维生素和膳食纤维，能保证宝宝一顿饭所需的能量和营养。

豆腐西红柿鲜虾面

营养食材　活海虾50克，内酯豆腐30克，西红柿半个，豌豆20克，婴儿细碎面20克

私房做法

❶将海虾洗净，去头、去壳、去虾线，用柠檬汁、生姜片腌制15分钟。用柠檬、生姜片铺盘，放上虾，入锅隔水蒸15分钟，用料理棒打碎。

❷将内酯豆腐切成小块，入锅焯水2分钟，捞出。

❸将西红柿洗净，在沸水中烫一下，去皮，切成小丁。

❹将豌豆洗净，冷水下锅煮10分钟；捞出豌豆过一下凉水，去皮；将豌豆再煮5分钟，用料理棒打成泥。

❺在锅中加入少量油，倒入西红柿丁翻炒，加适量的水，水开后下入面条，煮至软烂。将虾碎、豆腐块、豌豆泥倒入锅中搅拌均匀，再煮2分钟。

妈妈喂养经

面条有利于消化、吸收，非常适合肠胃系统还比较脆弱的婴儿。虾和豆腐都含有丰富的优质蛋白，豌豆泥做汤汁味道清香，加上酸甜的西红柿，使得这道面的味道更加鲜美。

西红柿鸡蛋牛肉面

营养食材　牛里脊50克，西红柿1个，鸡蛋1个，婴儿细碎面20克

私房做法

❶将牛里脊切成薄片，洗净，加入柠檬汁、生姜片腌制15分钟。入锅焯水2遍，去掉浮沫。用柠檬、生姜片铺盘，放上牛里脊片，入锅隔水蒸15分钟，用料理棒打碎。

❷将西红柿洗净，在沸水中烫一下，去皮，切成小丁。

❸将鸡蛋洗净、去壳，分离蛋黄和蛋清，将蛋黄倒入碗中打散。

❹在锅中放入少量油，倒入西红柿丁翻炒，加适量的水，水开后下入面条，煮至软烂。慢慢淋入蛋黄液，用筷子搅散，放入牛肉碎再煮2分钟。

妈妈喂养经

西红柿和鸡蛋含有丰富的维生素和矿物质，牛肉富含蛋白质。这道面香甜鲜美，补血健体，营养全面。

第五部分 可口汤汁

鲜虾豆腐蔬菜汤
香菇菠菜蛋花汤
蔬菜鸡肉疙瘩汤
香菇豆腐羹
蔬菜鸡肉丸子汤
鲜虾滑汤
豆腐蔬菜蛋花汤
鲜橙汁
香甜玉米汁
金橘雪梨水

鲜虾豆腐蔬菜汤

营养食材 活海虾3只，内酯豆腐40克，青菜嫩叶15克

私房做法

❶将海虾去头、去壳、去虾线，洗净，用柠檬汁、生姜片腌制15分钟。用柠檬、生姜片铺盘，放上虾，入锅隔水蒸15分钟，用料理棒打碎。

❷取青菜嫩叶洗净，清水中浸泡20分钟，在沸水中焯一下，煮熟，切成菜碎。

❸将内酯豆腐切成小块，入锅焯水2分钟，捞出。

❹锅中水烧开，放入豆腐煮3分钟，倒入虾碎、青菜碎搅拌均匀，再煮2分钟。

妈妈喂养经

豆腐营养丰富，含有铁、钙、磷、镁等多种人体必需的矿物元素，还含有糖类和丰富的优质蛋白。这道汤味道鲜美，含有丰富的蛋白质和维生素，能提高免疫力，促进宝宝健康成长。

香菇菠菜蛋花汤

营养食材　香菇2朵，菠菜嫩叶15克，鸡蛋1个

私房做法

❶将香菇洗净，去柄，清水中浸泡20分钟，切成薄片，在沸水中焯一下，隔水蒸10分钟，用料理棒打成泥。

❷取菠菜嫩叶洗净，清水中浸泡20分钟，入锅焯水2次，煮熟，切成菜碎。

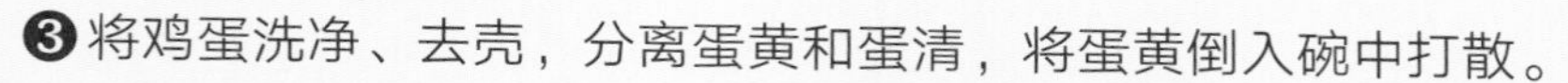

❸将鸡蛋洗净、去壳，分离蛋黄和蛋清，将蛋黄倒入碗中打散。

❹锅中水烧开，放入香菇泥，慢慢淋入蛋黄液，搅散，倒入菠菜碎一起煮2分钟。

妈妈喂养经

菠菜富含叶酸，蛋黄中卵磷脂丰富，搭配食用能促进宝宝大脑发育。

蔬菜鸡肉疙瘩汤

营养食材　鸡胸肉50克，香菇2朵，菠菜嫩叶15克，胡萝卜1段，西红柿半个，面粉20克

私房做法

❶将鸡肉切成薄片，洗净，加入柠檬汁、生姜片腌制15分钟。入锅焯水2遍，去掉浮沫。用柠檬、生姜片铺盘，放上鸡肉片，入锅隔水蒸15分钟，用料理棒打碎。

❷将香菇洗净，去柄，浸泡20分钟，切成薄片，在沸水中焯一下，隔水蒸10分钟，用料理棒打碎。

❸菠菜去柄取嫩叶，洗净，清水中浸泡20分钟，入锅焯水2次，切成菜碎。

❹向面粉中分次加入少量的水，迅速搅拌成细小的面疙瘩。

❺将西红柿、胡萝卜洗净，去皮，切成小丁。

❻锅中加入少量油，放入西红柿丁、胡萝卜丁翻炒，倒入适量的水，水开后放入面疙瘩，不断搅拌。放入鸡肉碎、香菇碎、菠菜碎，再煮2分钟。

妈妈喂养经

疙瘩汤软烂易消化，和肉、蔬菜一起给宝宝食用可以补充蛋白质和维生素，营养全面均衡。

香菇豆腐羹

营养食材　香菇3朵，内酯豆腐40克

私房做法

❶将香菇洗净，去柄，清水中浸泡20分钟，切成薄片，在沸水中焯一下，入锅隔水蒸10分钟，用料理棒打碎。

❷将豆腐切成小块，入锅焯水2分钟，捞出，用勺压碎。

❸锅中水烧开，加入香菇碎和豆腐碎，不断搅拌，煮约10分钟。

妈妈喂养经

豆腐含钙丰富，香菇与豆腐搭配能促进宝宝骨骼、牙齿的发育，增强免疫力。

蔬菜鸡肉丸子汤

营养食材　鸡胸肉50克，胡萝卜1段，西蓝花15克，鸡蛋1个，面粉1勺

私房做法

❶将鸡肉切成薄片，洗净，加入柠檬汁、生姜片腌制15分钟。入锅焯水2遍，去掉浮沫。

❷将胡萝卜洗净、去皮切成薄片；西蓝花取花冠洗净，清水中浸泡20分钟，在沸水中焯一下。

❸将鸡蛋洗净、去壳，分离蛋黄和蛋清，将蛋黄倒入碗中打散。

❹将鸡肉、胡萝卜、西蓝花、蛋黄液、1勺面粉加入料理机中搅打均匀，倒入裱花袋中。

❺锅中水烧开，将鸡肉糊一点一点挤入锅中呈丸子状，煮约5分钟。

妈妈喂养经

可爱的小丸子既含蛋白质又含维生素，可使宝宝获取均衡的营养。

鲜虾滑汤

营养食材　活海虾5只，胡萝卜1段，鸡蛋1个，面粉1勺

私房做法

❶将海虾去头、去皮、去虾线，洗净，用柠檬汁、生姜片腌制15分钟。

❷将胡萝卜洗净，去皮，切成薄片。

❸将鸡蛋洗净、去壳，分离蛋黄和蛋清，将蛋黄倒入碗中打散。

❹将虾、胡萝卜、蛋黄液、1勺面粉加入料理机中搅打均匀，倒入裱花袋中。

❺锅中水烧开，将虾糊一点一点挤入锅中，不断搅拌，煮至虾滑熟透浮起。

虾滑既保持了虾的营养美味，又可以锻炼宝宝的咀嚼和吞咽能力。

豆腐蔬菜蛋花汤

营养食材 内酯豆腐40克，小白菜嫩叶15克，鸡蛋1个

私房做法

❶取小白菜嫩叶洗净，清水中浸泡20分钟，在沸水中焯一下，煮熟，切成菜碎。

❷将内酯豆腐切成小块，入锅焯水2分钟，捞出。

❸将鸡蛋洗净、去壳，分离蛋黄和蛋清，将蛋黄倒入碗中打散。

❹锅中水烧开，放入豆腐煮3分钟，慢慢淋入蛋黄液，用筷子搅散，放入小白菜碎，再煮约2分钟。

妈妈喂养经

小白菜含有维生素和膳食纤维，豆腐和鸡蛋搭配可以提高蛋白质的吸收和利用，满足宝宝的生长需要。

鲜橙汁

营养食材　橙子2个

私房做法　将橙子洗净，去皮，去筋，掰成瓣，放入榨汁机中榨出果汁。

妈妈喂养经

橙子含有丰富的维生素C和维生素P，可以增强抵抗力，增加毛细血管的弹性，降低胆固醇。橙子还含有膳食纤维和果胶，可促进肠胃蠕动。鲜橙汁味道酸甜可口，对于还不能直接咀嚼橙子的宝宝来说是补充维生素C的佳选。

香甜玉米汁

营养食材　甜玉米1根

私房做法

❶将玉米洗净，取粒，加入适量的水，用料理棒打成汁，用过滤网将玉米皮滤出。

❷将玉米汁倒入锅中，不断搅拌至煮沸。

妈妈喂养经

玉米中的亚油酸含量高达60%以上，它和玉米胚芽中的维生素E一起可降低血液中胆固醇的浓度，并防止其沉积于血管壁。玉米中的维生素B_6、烟酸等可以刺激胃肠蠕动，预防便秘。

金橘雪梨水

营养食材　雪梨1个，金橘3个

私房做法

❶将雪梨洗净，去皮，去核，切成小块。

❷将金橘洗净，清水中浸泡20分钟，切成薄片。

❸锅中加入适量的水，放入梨块和金橘片，大火煮沸后转小火再煮30分钟。

妈妈喂养经

金橘、雪梨煮水，有清热润肺、止咳化痰的功效。

第六部分 花样面食

奶香蛋黄溶豆
米粉手指饼
苹果大枣蒸糕
菠菜松饼
鲜虾小馄饨
蔬菜牛肉肠
香菇油菜鸡肉饺子
牛肉土豆饼
胡萝卜鲜虾饺
大枣猪肝松饼
蔬菜鸡肉肠
油菜牛肉小馄饨
鲜虾蔬菜饼
香橙松饼
西蓝花胡萝卜猪肉饺子
山药蔬菜蒸糕
红薯松饼
香菇油菜牛肉饺子

奶香蛋黄溶豆

营养食材　鸡蛋3个，婴儿奶粉15克，柠檬1个

私房做法

❶将鸡蛋洗净、去壳，分离蛋黄和蛋清，将蛋黄倒入碗中，挤上几滴柠檬汁去腥，并用打蛋器将蛋黄打发。

❷将婴儿奶粉倒入打发的蛋黄中，搅拌均匀至无颗粒，装入裱花袋中。

❸将烤箱调至100℃左右，预热10分钟。烤盘上铺一张油纸，挤出溶豆到烤盘上，每颗溶豆之间要留有适当距离。

❹将烤盘放入预热过的烤箱中，于100℃左右烤约40分钟。取出烤盘，待溶豆冷却后密封保存。

妈妈喂养经

溶豆是非常适合婴儿的一款小零食，其营养丰富，口味香甜，入口即化，既能补充能量又能锻炼宝宝的手部精细运动能力。

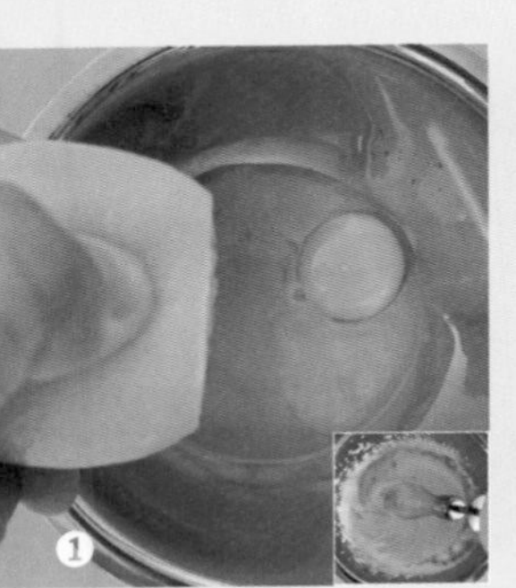

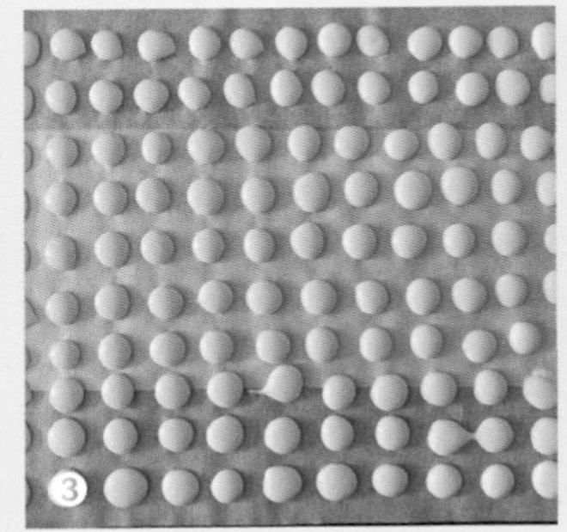

米粉手指饼

营养食材　鸡蛋1个，米粉20克

私房做法

❶将鸡蛋洗净、去壳，分离蛋黄和蛋清，将蛋黄倒入碗中打散。

❷向蛋黄液中加入米粉，少许水，搅拌均匀成稠糊状，装入裱花袋中。

❸不粘锅底刷油，开小火，将蛋糊一条一条挤进锅中，煎至两面金黄熟透。

妈妈喂养经

米粉手指饼香喷松软，既有营养，又能锻炼宝宝的抓握和咀嚼能力。

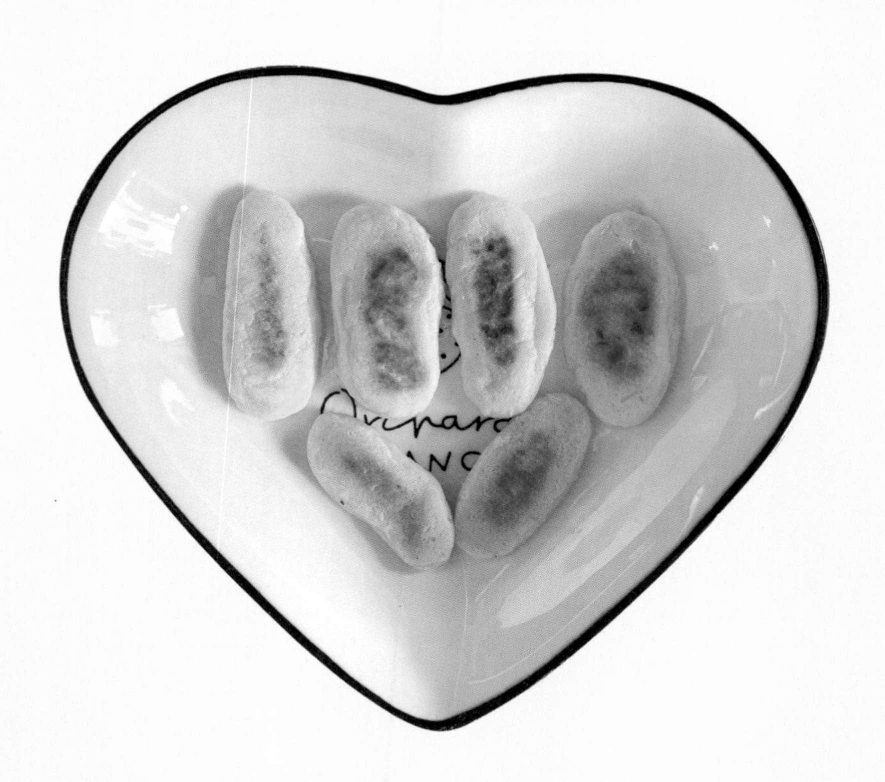

苹果大枣蒸糕

营养食材　苹果半个，大枣2个，鸡蛋1个，面粉2勺

私房做法

❶将苹果洗净，去皮，切成小块。

❷将大枣洗净，浸泡1小时，入锅蒸20分钟后去掉枣皮、枣核。

❸将鸡蛋洗净、去壳，分离蛋黄和蛋清，将蛋黄倒入碗中打散。

❹将苹果块、大枣、蛋黄液、2勺面粉放入料理机中搅打均匀，装入裱花袋中。

❺在蒸糕模具中刷油，挤入面糊，冷水入锅蒸约20分钟。

妈妈喂养经

这款蒸糕香甜松软，造型漂亮，非常适合婴儿的咀嚼能力。

菠菜松饼

营养食材　菠菜嫩叶15克，鸡蛋1个，面粉20克

私房做法

❶菠菜去柄取嫩叶，洗净，清水中浸泡20分钟，入锅焯水2次。

❷将鸡蛋洗净、去壳，分离蛋黄和蛋清，将蛋黄倒入碗中打散。

❸将菠菜叶、蛋黄液和面粉倒入料理机中，搅打均匀呈稠糊状。

❹不粘锅底不刷油，开小火，用小勺将面糊摊入锅中，待表面微凝固后翻面，两面煎熟。

妈妈喂养经

菠菜松饼颜色艳丽，口感松软，可以试着让宝宝自己拿着吃，促进手部精细运动的发展。

鲜虾小馄饨

营养食材　活海虾5只，胡萝卜1段，小白菜嫩叶15克，面皮10个

私房做法

❶将海虾去头、去皮、去虾线，洗净，用柠檬汁、生姜片腌制15分钟，用料理棒打碎。

❷将胡萝卜洗净，去皮，切成小块，用料理棒打碎。

❸小白菜去柄取嫩叶，洗净，清水中浸泡20分钟，在沸水中焯一下，切成菜碎。

❹擀好面皮，将鲜虾碎、胡萝卜碎和小白菜碎混合搅拌成馅，包成馄饨。开水下锅，煮约5分钟。

妈妈喂养经

鲜虾和蔬菜包成馄饨，荤素搭配，营养均衡。馄饨皮要擀得薄一些，充分煮熟，软度要适合宝宝的咀嚼能力。

蔬菜牛肉肠

营养食材　牛里脊30克，菠菜嫩叶15克，香菇2朵，鸡蛋1个，面粉1勺

私房做法

❶将牛里脊切成薄片，洗净，加入柠檬汁、生姜片腌制15分钟。入锅焯水2遍，去掉浮沫。

❷菠菜去柄取嫩叶，洗净，清水中浸泡20分钟，入锅焯水2次。

❸香菇洗净，去柄，清水中浸泡20分钟，切成薄片，入锅焯水2分钟。

❹将鸡蛋洗净、去壳，分离蛋黄和蛋清，将蛋黄倒入碗中打散。

❺将牛里脊、菠菜、香菇、鸡蛋液、1勺面粉倒入料理机搅打均匀，将面糊装入裱花袋中。香肠模具中刷油，将面糊挤进模具，冷水入锅蒸20分钟，关火焖5分钟。

妈妈喂养经

蔬菜牛肉肠既有营养，又可以让宝宝自己抓着吃，锻炼手部的精细运动和手眼协调能力，培养自主进食的好习惯。

香菇油菜鸡肉饺子

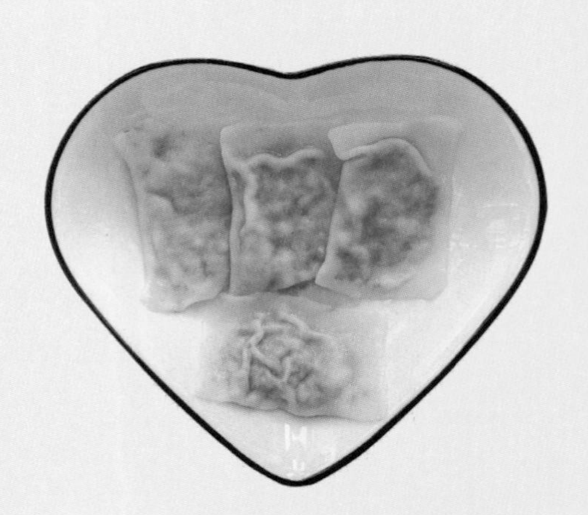

营养食材　鸡胸肉30克，香菇2朵，油菜嫩叶10克，面皮10个

私房做法

❶将鸡肉切成薄片，洗净，加入柠檬汁、生姜片腌制15分钟。入锅焯水2遍，去掉浮沫，用刀剁碎。

❷香菇去柄取冠，油菜去茎取嫩叶，洗净，清水中浸泡20分钟，在沸水中焯一下，用刀切碎。

❸擀好面皮，将鸡肉、香菇和油菜搅拌均匀成馅，包成饺子。开水下锅，煮5分钟。

妈妈喂养经

饺子馅中的食材丰富，既含蛋白质，又含维生素、膳食纤维，宝宝可以在一餐中摄取多种营养物质。

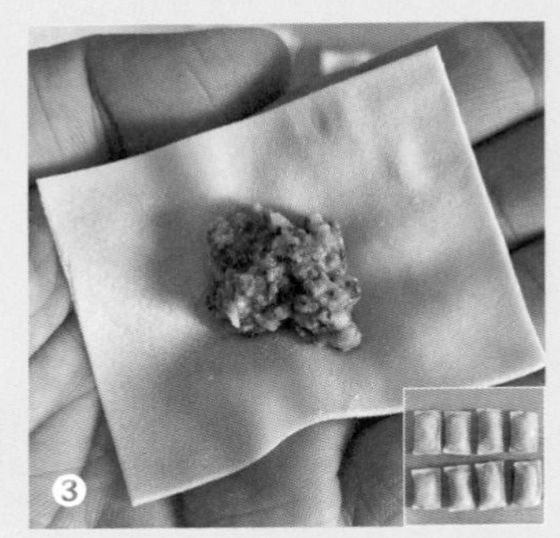

牛肉土豆饼

营养食材　牛里脊30克，西兰花15克，胡萝卜1段，土豆半个，鸡蛋1个，面粉2勺

私房做法

❶将牛里脊切成薄片，洗净，加入柠檬汁、生姜片腌制15分钟。入锅焯水2遍，去掉浮沫，用料理棒打成泥。

❷西蓝花取花冠洗净，清水中浸泡20分钟，在沸水中焯一下，水煮10分钟，切成菜碎。

❸将土豆、胡萝卜洗净，去皮，切成薄片，入锅蒸20分钟。土豆压成泥，胡萝卜切成小丁。

❹将鸡蛋洗净、去壳，分离蛋黄和蛋清；将蛋黄倒入碗中打散，加入2勺面粉、牛肉泥、西蓝花、土豆泥、胡萝卜丁搅拌均匀。

❺不粘锅底刷油，开小火，用小勺将面糊摊入锅中，煎至两面金黄。

妈妈喂养经

牛肉富含蛋白质，其氨基酸组成比猪肉更接近人体需要，能提高机体抵抗力。土豆含有大量淀粉及蛋白质、维生素、钙、钾和膳食纤维，且易于消化吸收，能促进脾胃的消化功能，还能防止便秘。

胡萝卜鲜虾饺

营养食材　活海虾5只，胡萝卜1段，面皮10个

私房做法

❶将海虾去头、去皮、去虾线，洗净，用柠檬汁、生姜片腌制15分钟，用刀剁碎。

❷将胡萝卜洗净，去皮，切碎。

❸擀好面皮，将虾、胡萝卜搅拌均匀成馅，包成饺子。开水下锅，煮约10分钟。

妈妈喂养经

胡萝卜中的胡萝卜素是维生素A的主要来源，维生素A可以促进生长，维护呼吸道、消化道、泌尿系统等上皮细胞组织的健康。胡萝卜和虾做馅，味道鲜美微甜，营养均衡全面。

大枣猪肝松饼

营养食材　猪肝30克，大枣2个，鸡蛋1个，面粉1勺

私房做法

❶将猪肝洗净，去除血管，切成薄片，加入柠檬汁、生姜片腌制15分钟。入锅焯水2遍，去掉浮沫。用柠檬、生姜片铺盘，放上猪肝片，入锅隔水蒸15分钟。

❷将大枣洗净，清水中浸泡1小时，隔水蒸15分钟，去掉枣皮、枣核。

❸将鸡蛋洗净、去壳，分离蛋黄和蛋清，将蛋黄倒入碗中打散。

❹将猪肝片、大枣、蛋黄液和1勺面粉一起倒入料理机中，搅打均匀呈稠糊状。

❺不粘锅不刷油，开小火，用小勺将面糊摊入锅中，待表面微凝固后翻面，两面煎熟。

妈妈喂养经

猪肝和大枣搭配能益气补血，健脾壮骨，且大枣的甘甜可以掩盖猪肝的味道，使得松饼香甜松软，宝宝很爱吃。

蔬菜鸡肉肠

营养食材　鸡胸肉30克，菠菜嫩叶10克，香菇2朵，胡萝卜1段，鸡蛋1个，面粉1勺

私房做法

❶将鸡肉切成薄片，洗净，加入柠檬汁、生姜片腌制15分钟。入锅焯水2遍，去掉浮沫。

❷菠菜去柄取嫩叶，洗净，清水中浸泡20分钟，入锅焯水2次，捞出。

❸将香菇洗净去柄，清水中浸泡20分钟，切成薄片，在沸水中焯一下，捞出。

❹将胡萝卜洗净、去皮，切成薄片。

❺将鸡蛋洗净、去壳，分离蛋黄和蛋清，将蛋黄倒入碗中打散。

❻将鸡肉、菠菜、香菇、胡萝卜、蛋黄液、1勺面粉放入料理机中搅打均匀，倒入裱花袋中。香肠模具中刷油，将鸡肉糊挤进模具，冷水入锅蒸20分钟，关火焖5分钟。

妈妈喂养经

鸡胸肉肉质细嫩，味道鲜美，有温中益气、健脾胃、活血脉、强筋骨的功效。

油菜牛肉小馄饨

营养食材　牛里脊30克，油菜嫩叶15克，面皮10个

私房做法

❶将牛里脊切成薄片，洗净，加入柠檬汁、生姜片腌制15分钟。入锅焯水2遍，去掉浮沫，用料理棒打碎。

❷油菜去柄取嫩叶，洗净，清水中浸泡20分钟，在沸水中焯一下，切成菜碎。

❸擀好面皮，将牛肉碎和油菜碎混合搅拌成馅，包成馄饨。开水下锅，煮约5分钟。

妈妈喂养经

牛肉和油菜搭配，有补血、强身、健脾、益气的功效。

①

②

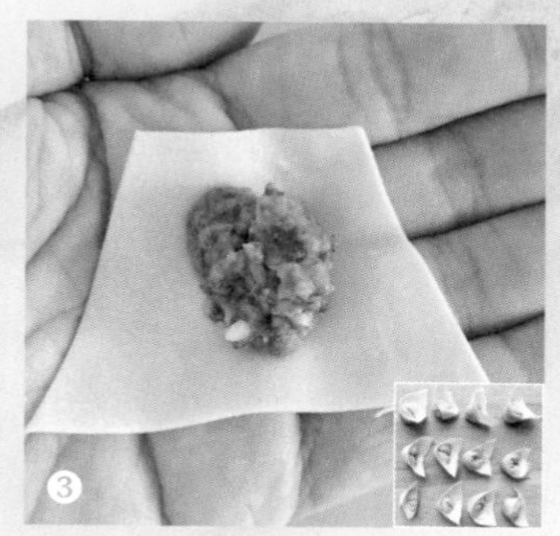

③

鲜虾蔬菜饼

营养食材　活海虾5只，西蓝花15克，鸡蛋1个，面粉2勺

私房做法

❶将海虾去头、去皮、去虾线，洗净，用柠檬汁、生姜片腌制15分钟，用刀剁碎。

❷西蓝花取花冠洗净，清水中浸泡20分钟，在沸水中焯一下，水煮10分钟，切成菜碎。

❸将鸡蛋洗净、去壳，分离蛋黄和蛋清，将蛋黄倒入碗中打散。向蛋黄液中加入2勺面粉、虾、西蓝花碎，搅拌均匀。

❹不粘锅底刷油，开小火，用小勺摊入蛋糊，煎至两面金黄。

妈妈喂养经

这道辅食味道鲜香，含有蛋白质、维生素、膳食纤维和淀粉等营养成分，搭配均衡。

香橙松饼

营养食材　橙子半个，鸡蛋1个，面粉2勺

私房做法

❶将橙子洗净，去皮、去筋，掰成瓣，用料理棒打成泥。

❷将鸡蛋洗净、去壳，分离蛋黄和蛋清。将蛋黄倒入碗中打散，加入橙子泥和2勺面粉，搅拌均匀呈稠糊状。

❸不粘锅底不刷油，开小火，用小勺将面糊摊入锅中，待表面微凝固后翻面，两面煎熟。

妈妈喂养经

橙子味道酸甜，含有丰富的维生素C，做成松饼香甜可口，宝宝非常喜欢吃。

西蓝花胡萝卜猪肉饺子

营养食材　猪里脊30克，西蓝花15克，胡萝卜1段，面皮10个

私房做法

❶将猪肉切成薄片，洗净，加入柠檬汁、生姜片腌制15分钟。入锅焯水2遍，去掉浮沫，用刀剁碎。

❷西蓝花取花冠洗净，清水中浸泡20分钟，在沸水中焯一下，切成菜碎。

❸将胡萝卜洗净、去皮，切碎。

❹擀好面皮，将猪肉、西蓝花和胡萝卜搅拌均匀成馅，包成饺子。开水下锅，煮5分钟。

妈妈喂养经

猪肉和胡萝卜搭配，可以提高人体对维生素的吸收和利用，保护宝宝的皮肤和视力。

山药蔬菜蒸糕

营养食材　铁棍山药1段，胡萝卜1/3根，西蓝花10克，鸡蛋1个

私房做法

❶将山药、胡萝卜洗净，去皮，切成小块，入锅隔水蒸20分钟。

❷西蓝花取花冠洗净，清水中浸泡20分钟，在沸水中焯一下，水煮10分钟。

❸将鸡蛋洗净、去壳，分离蛋黄和蛋清，将蛋黄倒入碗中打散。

❹将山药、胡萝卜、西蓝花、蛋黄液一起倒入料理机中搅打均匀，装入裱花袋中。

❺在蒸糕模具中刷油，挤入蛋糊，冷水入锅蒸约20分钟。

妈妈喂养经

金黄绵软的山药蒸糕，好吃好看又能滋补脾胃。山药富含淀粉，山药蒸糕不需要再使用面粉。

红薯松饼

营养食材　红薯半个，鸡蛋1个，面粉2勺

私房做法

❶将红薯洗净，去皮，切成薄片，入锅蒸20分钟。

❷将鸡蛋洗净、去壳，分离蛋黄和蛋清，将蛋黄倒入碗中打散。

❸将红薯片、蛋黄液、2勺面粉倒入料理机中，搅打均匀呈稠糊状。

❹不粘锅底不刷油，开小火，用小勺将面糊摊入锅中，待表面微凝固后翻面，两面煎熟。

妈妈喂养经

红薯含有丰富的蛋白质、胡萝卜素、维生素A、维生素C、B族维生素等，营养全面，味道香甜。红薯松饼的口感绵密甘甜，宝宝每一口都有满满的幸福感。

香菇油菜牛肉饺子

营养食材　牛里脊50克，香菇2朵，油菜嫩叶15克，面皮10个

私房做法

❶将牛里脊切成薄片，洗净，加入柠檬汁、生姜片腌制15分钟。入锅焯水2遍，去掉浮沫，用刀剁碎。

❷香菇去柄取冠，油菜去柄取嫩叶，洗净，清水中浸泡20分钟，在沸水中焯一下，切碎。

❸、擀好面皮，将牛肉、香菇和油菜搅拌均匀成馅，包成饺子。开水下锅，煮5分钟。

妈妈喂养经

蔬菜与肉搭配，平衡了肉馅中油脂的含量，增加了维生素的含量，补铁、补钙又补维生素，利于宝宝身体的健康发育，利于建立良好的饮食习惯。

图书在版编目（CIP）数据

现代宝宝私房菜：献给6–12个月宝宝的100道美食/梁文芹编著.—北京：中国农业出版社，2021.4（2024.4重印）

ISBN 978-7-109-28109-7

Ⅰ.①现… Ⅱ.①梁… Ⅲ.①婴幼儿–食谱 Ⅳ.①TS972.162

中国版本图书馆CIP数据核字（2021）第062865号

中国农业出版社出版

地址：北京市朝阳区麦子店街18号楼

邮编：100125

责任编辑：郭晨茜　孟令洋

版式设计：杜　然　　责任校对：吴丽婷　　责任印制：王　宏

印刷：中农印务有限公司

版次：2021年4月第1版

印次：2024年4月北京第2次印刷

发行：新华书店北京发行所

开本：700mm × 1000mm　1/16

印张：7.5

字数：180千字

定价：78.00元
